中国孕妈
膳食营养细致方案

DETAILED NUTRITIONAL PLAN FOR CHINESE PREGNANT MOTHERS

余坚忍 ◎ 主编

姜礼盟 王秀龙 ◎ 编著

前　言

妊娠十月，胎儿就是一张白纸，就是没有标记的生命吗？一个二十年前出现的科学分支，“胚胎起源说”告诉我们，一个人的终身幸福极大依赖于子宫内的十个月：胎儿从妊娠四个月开始能够听见声音，妊娠七个月味蕾完全发育，嗅觉器官的神经末梢也开始工作；胎儿在子宫内开始学习声音、味道和气味。母亲每天生活的点滴都会影响到胎儿，她呼吸的空气、接触的物质、她的情绪，尤其是吃的食物、喝的饮料。

有人说过，每位孕妇的食物就是一个故事，一个富饶的童话或者一部严酷的编年史。而胎儿通过它来获知对生存问题的解答：胎儿出生的世界资源是丰富的还是贫乏的；能否得到有力保护或者必须面对危险；能否生活得长久而富足或者短暂而饱受折磨……甚至可以这样认为，母亲的食物就是一个标杆，为腹中的胎儿提供了所处环境的足够线索。根据这些线索，胎儿调整自身的新陈代谢和其他生理功能，以便在将要到来的世界里顺利生存。

母亲就是胎儿最信任的引导者，如果母亲提供的信息出现偏差，将为孩子带来终生的影响。1944 年荷兰因为德军围困出现大饥荒，在这段时间内出生的婴儿长大后发生肥胖、糖尿病和心脏病的几率更高。为什么这些孩子会出现这些疾病？因为营养不良的母亲告诉胎儿，他们即将生活的是一个匮乏的环境，于是他们的身体准备着寻找每一个卡路里；但事实是战后的荷兰物质丰富，他们出生后身处“卡路里”的海洋——他们无法控制地摄入了过多营养。

如今，在这个物质极度富足的时代，除非刻意减肥，营养不良的孕妇已经很少见了。但临床上营养过剩的孕妈妈却越来越多。营养越好胎儿是否就会越

健康？答案是否定的。营养过剩，使得 8 斤以上的巨大儿激增。超过 8 斤的巨大儿在儿童时期可能和其他孩子一样，但成年后有一半可能会成为肥胖人群；日后患上冠心病、高血压、糖尿病等各种疾病的风险远远高于 5 ~ 7 斤的新生儿。

殊途同归，营养过剩和营养不良的母亲带给孩子的同样是成年后的肥胖、糖尿病和心脏病高发。

当然，我讲这些并不是想责备母亲发生在孕期的事情，而只是希望孕妈妈能建立正确的孕期营养观念，努力提高下一代的身心健康，这也是我写作本书的初衷。

本书中，我特别介绍了我们医院孕期营养门诊大力宣讲的“食物交换份”，为孕期饮食保驾护航；同时还重点介绍了孕期糖尿病和孕期高血压的日常生活管理。临床上，孕期糖尿病已高达 10%，而孕期高血压也高达 9.4% 左右。针对孕期的营养特点和生理变化，我特别介绍了许多简单易操作的实用菜谱。我建议，孕期营养最好都从食物中获取，除非医生建议，否则孕妈妈最好不要自行补充各种维生素片或者营养品。

孩子聪明健康、母亲健康漂亮，这是我们现代妈妈的终极追求。所以，最后一章我安排了月子营养和恢复的内容。

祝愿每位女性都能达成所愿。

目录 | Content

Chapter 1 孕前调理 打下健康基础

胎儿调整自身的新陈代谢和其他生理功能，来应对将要到来的世界。而胎儿对此判断的依据就是母亲的食物。孕妈妈应当在备孕时就调理好自己的身体，为孩子提供准确的信息。

一 孕期营养影响孩子一生的健康 · · · · · · · · · · 010

二 备孕伊始，从标准体重看营养 · · · · · · · · · · 012

三 体质不好中医来调 · · · · · · · · · · · · · · · 014

四 提高孕力的助孕饮食方案 · · · · · · · · · · · · 016

Chapter 2 食物交换份 护航孕期营养

很多妇产医院的营养门诊都会建议孕妇采用食物交换份来确保全面的营养摄入。它以体重指数为热量摄入依据，非常科学，而且易操作。

一 什么是食物交换份 · · · · · · · · · · · · · · · 020

二 等值食物交换表 · · · · · · · · · · · · · · · · 022

三 以体重指数指导孕期热量分配 · · · · · · · · · 025

四 制定合理营养处方 · · · · · · · · · · · · · · · 027

Chapter 3

孕早期，营养瘦身两不误

孕早期并不需要大幅增加热量，营养均衡就可以了。同时保持适度运动，节制性生活。由于孕激素的影响，孕妈妈可能情绪波动比较大，准爸爸要及时安抚。

一 应对让准妈妈掏心掏肝的孕吐 · · · · · · · · · · 030

二 孕早期别忘补叶酸 · · · · · · · · · · · · · · · 033

三 孕期维生素，建议从食物中补充 · · · · · · · · 037

四 检查食物的搭配 · · · · · · · · · · · · · · · · 045

五 适宜孕妈妈食用的健康食物 · · · · · · · · · · 047

六 盘点孕期要少吃或不吃的食物 · · · · · · · · · 059

七 孕早期营养餐单 · · · · · · · · · · · · · · · · 061

Chapter 4

孕中晚期，长胎不长肉的饮食方案

进入孕中期，孕吐自行消失，孕妈妈迎来孕期难得的好胃口，胎宝宝的生长发育也进一步加快，需要的营养越来越多。孕妈妈应在均衡饮食的基础上，适当增加热量的摄入。

一 孕中晚期增重是必然，但要设置底线 · · · · · · 084

二 上班族孕妈的午餐提示 · · · · · · · · · · · · · 086

三 那些值得商榷的孕期减肥法 · · · · · · · · · · · · 088

四 孕中晚期不可错过的食物 · · · · · · · · · · · · · 090

五 妊娠期高血压，生活管理最重要 · · · · · · · · · 099

六 妊娠期糖尿病，限糖重过吃药 · · · · · · · · · · 103

七 孕中晚期饮食餐单 · · · · · · · · · · · · · · · · 108

Chapter 5 常见孕期不适及食疗方法

孕期由于孕激素的影响和子宫的变化，难免出现腰酸背痛等不适。合理的膳食安排可以有效缓解这些不适。

一 孕期疲劳嗜睡 · · · · · · · · · · · · · · · · 132

二 孕期便秘腹胀 · · · · · · · · · · · · · · · · 137

三 孕期牙龈出血 · · · · · · · · · · · · · · · · 141

四 孕期口干口臭 · · · · · · · · · · · · · · · · 144

五 孕期感冒 · · · · · · · · · · · · · · · · · · 148

六 妊娠水肿 · · · · · · · · · · · · · · · · · · 152

七 妊娠胃灼烧 · · · · · · · · · · · · · · · · · 157

八 孕期腹泻 · · · · · · · · · · · · · · · · · · 162

九 胎动不安 · · · · · · · · · · · · · · · · 166

十 孕期焦虑失眠 · · · · · · · · · · · · · · 170

十一 孕期小腿抽筋 · · · · · · · · · · · · · · 174

十二 妊娠纹及妊娠斑 · · · · · · · · · · · · · 178

Chapter 6 坐月子要健康不要赘肉

孕期和分娩使得女性身体发生了非常大的变化，尤其是分娩，更让身体经历一场严酷的考验，这些都需要通过月子来调整和补充。科学坐月子，要健康也要苗条。

一 关于月子，你应该知道的事 · · · · · · · · · · · 184

二 月子饮食有禁忌 · · · · · · · · · · · · · · · · 187

三 产后四周这样吃 · · · · · · · · · · · · · · · · 189

四 产妇适合吃这些蔬菜和水果 · · · · · · · · · · · 190

五 生化汤不是产后常规用药 · · · · · · · · · · · · 191

六 月子营养：月子滋补调理餐 · · · · · · · · · · · 192

附录：不同体重热量及营养素各餐分配表 · · · · · 196

milk

Chapter 1

孕前调理
打下健康基础

胎儿调整自身的新陈代谢和其他生理功能，来应对将要到来的世界。而胎儿对此判断的依据就是母亲的食物。孕妈妈应当在备孕时就调理好自己的身体，为孩子提供准确的信息。

一 孕期营养影响孩子一生的健康

怀孕就要吃双份？

很多中国人有一种错误观念，认为怀孕后多一个孩子了就应该多吃一个人的饭。在这种说法的驱使下，很多孕妇拼命摄取富含营养的物质，造成体重增加过多，身材走样，出现妊娠期糖尿病、妊娠期高血压，不仅自己受累孩子也受累。国外的研究发现很多的成人代谢性疾病，比如高血脂、脂肪肝、糖尿病，包括冠心病甚至一些恶性肿瘤，追根溯源发现都在胚胎期。母亲怀孕时营养过剩或营养不足，两种极端情况都会导致孩子组织器官在孕期出现一个程序性改变。这个程序性改变会导致孩子出生后出现生活习惯病，即他会出现不良的生活习惯引起的疾病。

DOHaD 理论认为：

孕妈的营养状况将对孩子的健康情况产生终生的影响。DOHaD 理论，即“健康和疾病的发育起源”学说，认为人类在早期发育过程中（包括胎儿、婴儿、儿童时期）经历不利因素（营养不良、营养过剩、激素暴露、子宫胎盘功能不良等），组织器官在结构和功能上会发生永久性或程序性改变，将会影响成年期糖尿病、代谢综合征、心血管疾病、精神行为异常、哮喘、肿瘤、骨质疏松、神经疾病等慢性非传染性疾病的发生。

经动物实验和临床观察证明，计划怀孕、孕早期、孕中晚期、生后 2 年的营养对成年后的慢性病发病不良事件有明显的相关性。

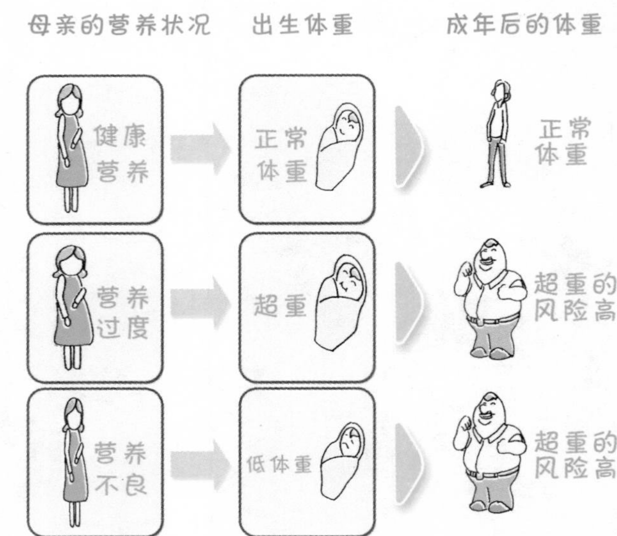

孕期营养是生命的可塑窗口期

有学者提出了从怀孕前到孩子 2 岁这个阶段，把它称为生命的可塑窗口期，这个时期如果营养不良，或者营养过剩可以对组织器官的发育造成不可逆的改变，影响我们成年后的健康。

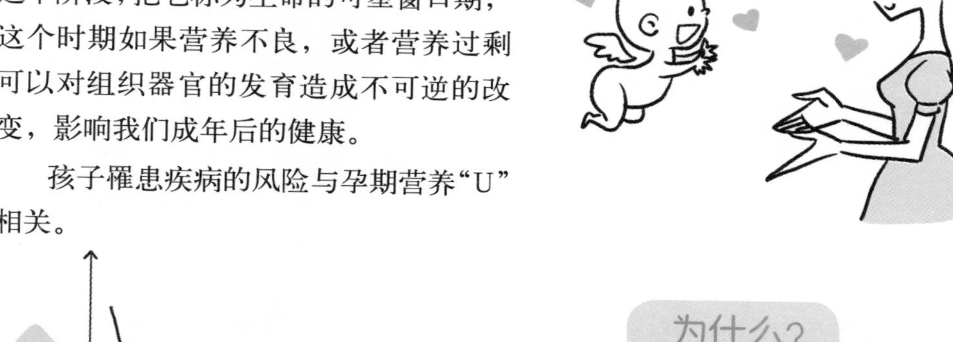

孩子罹患疾病的风险与孕期营养“U”相关。

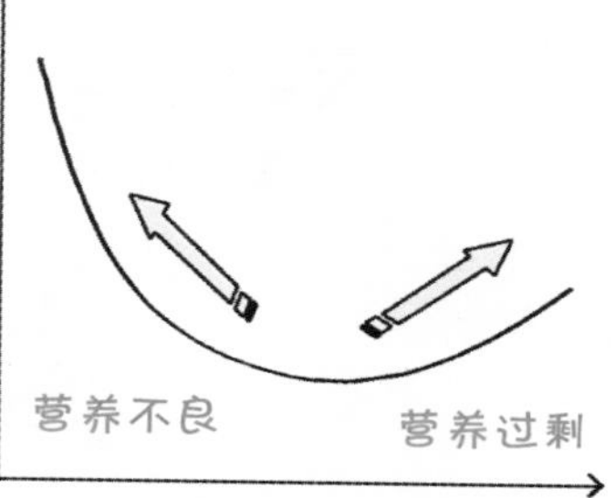

为什么？

胎儿能够“可塑性发育”，在发育过程中能根据宫内情况产生多种不同的生理和形态学状态。

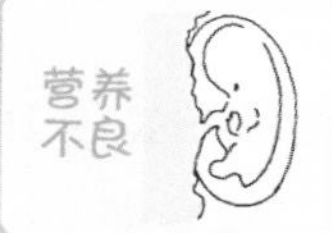

代谢改变

内分泌改变

后代的器官永久性地调整，以适应子宫内的营养失衡

造成出生体重异常，低出生体重或巨大儿

这些调整对日后食物的摄取与体内的新陈代谢出现较差的适应性

肥胖、高血压、高血脂

胰岛素分泌失常

日后罹患慢性疾病的风险升高
心血管病、中风、糖尿病等

就像我们成人，在一个饥饿的环境，我们体内的激素水平会发生变化来适应这个环境，比如代谢降低，我们呼吸系统、内分泌系统都会发生改变来适应这个不良的环境。当然对不良环境的适应是有一定限度的。超过这个限度，就可能会反转。跟这个机制一样，胎儿在营养过剩的情况下，他会出现一种变化；在营养不足的情况下，他又会出现一种变化。

二　备孕伊始，从标准体重看营养

为保证孕期适宜的宫内环境，孕妈最好孕前生活规律，营养均衡，以最好的状态迎接胎宝宝。如何衡量自己的营养状况？标准体重是一个重要指数。

用体重指数（BMI）来衡量理想体重

BMI 指数：（即 Body Mass Index，身体质量指数，简称体质指数或体重指数）是目前国际上常用的衡量人体胖瘦程度以及是否健康的一个标准。

BMI 指数 = 体重（kg）÷ 身高（m）的平方

正常体重：BMI 指数 =18.5 ～ 24.9

BMI 指数 <18.5  偏瘦

超重：BMI 指数 =25 ～ 30
轻度肥胖：30<BMI 指数≤ 35
中度肥胖：BMI 指数 >35
重度肥胖：BMI 指数 >40
} 偏胖

例如，身高 162cm 的女性体重 50kg，那么她的 BMI=50÷（1.62×1.62），为 19.05，属于正常体重。

如果你的 BMI 低于 18.5 就应该在计划怀孕时增加体重；如果你的 BMI 高于 25 就应该在计划怀孕时适当减轻体重。

BMI 指数 <18.5

危险：

月经不调；无排卵性月经；精子着床困难。

建议：

补充足够的蛋白质和铁，通过适度的运动塑造健康的体魄。

BMI 指数 >25

危险：

排卵障碍；多囊卵巢综合征；黄体化未破裂卵泡。

建议：

少吃零食并增加运动量，使体重逐渐减轻。

通过下表查看自己的标准体重

临床制定的标准体重。临床中，体重低于40kg或者高于85kg都属于高危孕产妇，会增加怀孕期和分娩时的危险。

女子标准体重（身高单位：cm；体重单位：kg）

年龄/身高	19岁	21岁	23岁	25岁	27岁	29岁	31岁	33岁	35岁	37岁	39岁	41岁	43岁
152	46	46	46	46	47	47	48	48	49	49	50	51	51
156	47	47	47	48	48	49	49	50	50	51	52	52	53
160	49	49	49	49	50	51	51	51	52	53	53	54	55
162	50	50	50	50	51	52	52	52	52	53	53	54	55
164	51	51	51	51	52	53	53	53	53	54	55	55	56
166	52	52	52	53	53	54	54	55	55	56	57	57	58
168	54	54	54	55	55	56	56	57	57	59	59	59	60
170	56	56	56	56	56	58	58	58	59	60	60	61	62
172	57	57	57	57	58	59	59	59	60	61	61	62	63
176	60	60	60	61	61	62	62	63	63	64	65	65	66

适合女性控制体重的四项运动

1 散步

最好能在空气比较清新的环境中散步，别走得时间过长或走得过快。以不觉劳累为宜。

2 慢跑或快步走

适宜的体重有助于受孕，而慢跑或快步走比散步更能增加热量消耗、燃烧多余脂肪，因此，是控制体重比较好的办法。

3 游泳

游泳能提高耐力和柔韧性，增加心肺功能，减轻关节负担。经常游泳还可改善情绪。需注意的是，游泳要选择卫生条件好、人少的游泳池，下水前先做热身，下水时戴上泳镜。

4 瑜伽

练习瑜伽会刺激控制激素分泌的腺体，还能够掌握呼吸控制方法有利日后分娩。针对腹部练习的瑜伽还可以帮助产后重塑体型。

Tips：备孕女性慎用减肥药

虽然减肥药对女性怀孕到底有没有影响还没有定论，但脂肪与女性生育能力有莫大关系，因为女性的身体脂肪会把男性激素转化为女性激素，同时提供分娩所需的能量。仅从此点来看，准备怀孕的女性也应慎服减肥药物。并且，某些减肥药物确实对人体有毒副作用。

三 体质不好中医来调

中医认为，体质有很多种分型，过与不及都能造成人体不适，可称为体质差、体质不好。在虚证里，可分为气虚、血虚、阴虚、阳虚、不同的虚证应当针对性地选择恰当的药物调理。

1 气虚

症状：少气懒言、全身疲倦乏力、声音低微、动则气短、易出汗、头晕心悸、面色萎黄、食欲不振、虚热、自汗、脱肛、子宫下垂。舌淡而胖、舌边有齿痕，脉弱等。

疗法：需补气，补气的药物可选用人参、黄芪、山药、党参等。

2 血虚

症状：面色萎黄苍白、唇甲淡白、头晕乏力、眼花心悸、失眠多梦、大便干燥。妇女月经衍期、量少色淡。舌质淡、苔滑少津，脉细弱等。

疗法：进补宜采用补血、养血、生血之法，补血的药物可选用当归、阿胶、熟地、桑葚子等。

3 阳虚

症状：阳虚又称阳虚火衰，是气虚的进一步发展。阳虚除有气虚的表现外，还表现为平时怕冷、四肢不温、喜热饮、体温常偏低、腰酸腿软、小腹冷痛、乏力、小便清长。舌质淡薄、苔白，脉沉细等。

疗法：进补宜补阳、益阳、温阳。补阳虚的药物可选用红参、鹿茸、杜仲、虫草、肉桂、海马等。

4 阴虚

症状：阴虚又称阴虚火旺，俗称虚火，主要表现为怕热、易怒、面颊升火、口干咽痛、大便干燥、小便短赤或黄、舌少津液、五心（双手手心、双脚脚心与头顶心）烦热、盗汗、腰酸背痛。舌质红、苔薄或光剥，脉细数等。

疗法：进补宜采用补阴、滋阴、养阴等法，补阴虚的药物可选用生地、麦冬、玉竹、珍珠粉、银耳、冬虫夏草、石斛、龟板等。

不宜随便服用的中药

冬虫夏草

功效是益肺肾，补精髓，止咳化痰。对久咳虚喘，阳痿遗精，腰膝酸痛很有疗效。很多人就是看中其养生的功效，所以长期作为补品煲汤饮用。但是冬虫夏草却可以引起过敏，出现皮疹、皮肤瘙痒、月经紊乱或闭经等，还可导致慢性肾功能不全，表现为头痛、烦躁、四肢红肿加重。

冬虫夏草

土茯苓

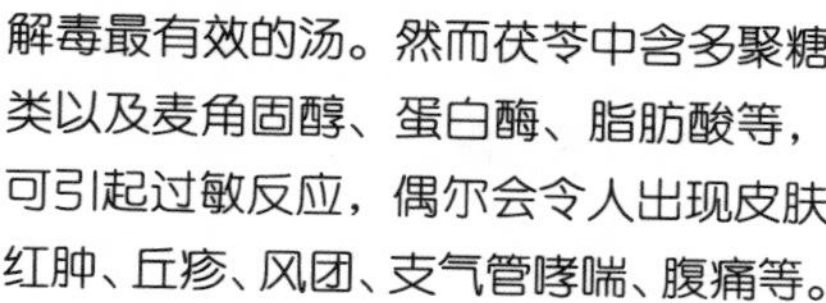

土茯苓煲龟汤，被广东人认为是去湿解毒最有效的汤。然而茯苓中含多聚糖类以及麦角固醇、蛋白酶、脂肪酸等，可引起过敏反应，偶尔会令人出现皮肤红肿、丘疹、风团、支气管哮喘、腹痛等。

茯苓

穿山甲

穿山甲

它是名贵的中药材原料，具有通经下乳、消肿排脓、疏风通络的功效。可是其鳞片含有胆固醇、硬脂酸和脂肪族酰胺化合物等，使用不当可引起对肝脏的损害。

益母草

益母草

具有活血调经、利水消肿的功效，但妊娠期可能引起流产。

5 气阴两虚

症状：既有头晕、乏力、腿软等气虚表现，又有升火、咽干、舌红等阴虚表现，但没有慢性疾病。

疗法：进补宜采用益气养阴之补法，即在进补时应同时考虑补气和补阴。

6 阴阳两虚

症状：阴阳俱虚的兼症。在寒气重时易出现阳虚症状，在燥热时易出现阴虚症状。冬天特别怕冷，夏天又特别怕热，这是阴阳失调或阴阳两虚之体质。

疗法：进补宜采用阴阳并补，养阴温阳和滋阴壮阳等补法。

7 气血两虚

症状：一般出现在贫血、白细胞减少症、血小板减少症、大出血后、妇女月经过多者身上，其既有气虚的表现，又有血虚的表现。

疗法：进补宜采用益气生血、培补气血、气血并补。

人体中，气、血、阴、阳总是相互依存、相互影响的。所以，一般多种虚症会并存。比如阳虚多兼气虚，阴虚多兼血虚。气血双亏、阴阳俱虚亦属常见之症。这时，需要补气药与补血药、补阴药与补阳药并用，气血双补、阴阳并补。另外，气能生血，亦能生津，故气虚与阴津不足之症，常以补气药配补血药或补阴药，即补气生血、益气生津之法。

四 提高孕力的助孕饮食方案

备孕女性这样吃养出健康卵子

◆ 月经期多补铁。含铁食物有动物肝脏、黑木耳、银耳、海带等。

◆ 每天一小杯红酒提高卵子活跃性。红酒中的多酚可以让卵子更健康。但不是所有酒都能保养卵巢。

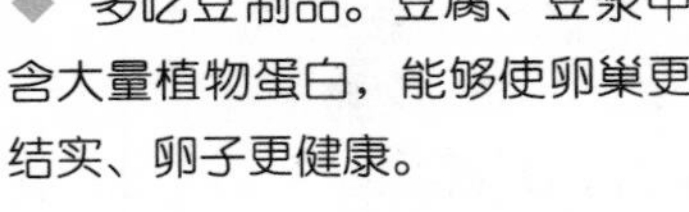

◆ 多吃豆制品。豆腐、豆浆中含大量植物蛋白，能够使卵巢更结实、卵子更健康。

◆ 备孕期补充叶酸。孕早期缺乏叶酸，可导致胎儿神经管发育缺陷、先天性心脏病及流产、早产发生率的增高。

如果平时身体健康，备孕女性的饮食做到品种丰富就行了。而油炸食品、人造黄油或其他加工食品中含有的反式脂肪，由于能干扰激素的分泌因而会令女性怀孕的概率降低。需要注意的是有一些食物会影响女性的生殖系统，需要少食。

备孕女性孕前饮食三忌

1 忌烤牛羊肉

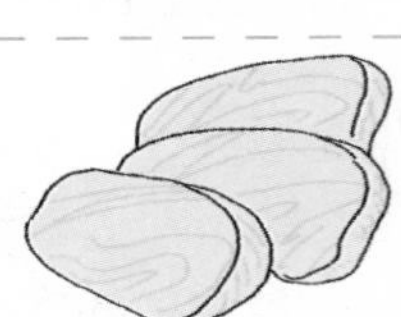

接触了感染弓形虫的畜禽，或吃了这些畜禽未熟的肉时常可被感染。被感染弓形虫后的妇女可能没有自觉症状，当其妊娠时，感染的弓形虫可通过子宫感染给胎儿，引发胎儿畸形。因此，婚前或孕前进行弓形虫抗体检查实属必要。

2 忌罐头食品

罐头食品在生产过程中会加添加剂，如人工合成色素、香精、防腐剂等，经常食用对健康不利。且罐头食品经高温处理后，维生素和其他营养成分会遭破坏。

3 忌长期食用棉籽油

长期食用毛棉籽油，可使人患日晒病，表现症状为晒后发作，全身无力或少汗，皮肤灼热、潮红，心慌气短，头昏眼花，四肢麻木，食欲减退。成年男性服用毛棉籽油的提取物棉酚 40 天，每天 60 ～ 70 毫克，短期内精子全部被杀死，并逐渐从精液中消失；女性则可导致闭经或子宫萎缩。另外，桂圆、荔枝、薯片等食物也不宜多吃。

备孕男性要摄入这些食物

◆ 高维生素。男子多吃一些含有高维生素的食物，对提高精子的质量有很大帮助。多吃时令蔬果就可以满足需求。

◆ 优质蛋白质。优质蛋白质包括三文鱼、牡蛎、深海鱼虾、各种瘦肉、动物肝脏、乳类、蛋类等。

◆ 矿物质和微量元素。无须单独补充，多吃些高维生素食物就可以了。

◆ 能量。能量的主要来源是饮食当中的各种主食，包括米饭、五谷杂粮、干鲜豆类等。

◆ 叶酸。男性体内叶酸不足时，男性精液的浓度会降低，精子的活动能力减弱，使得受孕困难。

建议备孕丈夫每周吃一次海产品、一次动物肝脏、一两次牛肉及豆类；每天吃竹笋、胡萝卜、洋葱、燕麦、菠菜、卷心菜等，喝 5 杯以上的水或果汁。

严格戒烟禁酒

有关资料显示，长期吸烟者中正常精子数减少 10%，且精子畸变率有所增加，吸烟时间越长，畸形精子越多，精子活力越低。同时，吸烟还可以引起动脉硬化等疾病，每天吸烟超过 20 支的男性与不吸烟男性相比阴茎血液循环不良，阴茎勃起速度减慢。而过量或长期饮酒，可加速体内睾酮的分解，导致男性血液中睾酮水平降低，出现性欲减退、精子畸形和阳痿等。因此，为下一代的健康出生，应尽量做到戒烟禁酒。

怎么做?

- 经常告诫自己“我不再吸烟啦”。
- 经常喝水能让心情放松，但不要喝过甜的饮料。
- 经常漱口刷牙。
- 想要吸烟的时候告诉自己“我再忍两分钟”，忍一忍就过去了。
- 淋浴。热水以及沐浴液的清香都可以放松心情。
- 经常外出运动分散注意力。
- 嚼低热量的口香糖。
- 听一听音乐。

提高精子质量这样做

· 多参加锻炼。

· 少去桑拿房、蒸汽浴室。高温蒸浴直接伤害精子，抑制精子生成。

· 戒烟戒酒。

· 放松心态。精神压力过大也对精子的成长有负面影响。所以男性应做些能让自己放松的事情，如散步、洗澡等，然后再享受性生活。

· 把手机放在上衣口袋。手机放在裤子口袋里、笔记本电脑放在膝盖上、穿紧身裤都会提高阴囊温度，伤害精子，所以应把手机放在上衣口袋。

milk

Chapter 2

食物交换份，护航孕期营养

很多妇产医院的营养门诊都会建议孕妇采用食物交换份来确保全面的营养摄入。它以体重指数为热量摄入依据，非常科学，而且易操作。

一 什么是食物交换份

所谓食物交换份，就是将食物按照来源、性质分成七大类，同类食物在一定重量内，所含的蛋白质、脂肪、碳水化合物和热量相似，可任意交换。

食物交换份：一份的食物可产生90千卡的热量，这是人为规定的。

为什么是90千卡，而不是50或100千卡呢？这是为了符合我们中国人的计量习惯。谷薯类也就是常说的主食，没有煮熟的情况下每一份的重量为25克左右，也就是半两，2份即一两；生鲜的蔬菜每份的重量大多为1斤，生鲜肉类每份为25克，即半两，这样做饭的时候就很容易记住，并准确操作。

七类营养成分

营养专家将我们常吃的食物按营养成分分成了7类：

1 碳水化合物

能量主要的来源，大米、面粉以及杂粮等。

2 蛋白质

蛋白质是构成人体组织器官的支架和主要物质，存在于瘦肉类、蛋类、奶类、鱼类和海鲜类，多超标摄入。

3 脂肪

脂肪对构成胎儿大脑智力发育非常重要。分成四类：

❶ 单不饱和脂肪酸：对人体最有利，如橄榄油、山茶油。

❷ 多不饱和脂肪酸：各种食用油如花生油、菜籽油、大豆油等，可演化为DHA。

❸ 饱和脂肪酸：如奶油、巧克力、椰奶、全脂奶粉等。

❹ 反式脂肪酸：为添加剂，可提高食物口感、防腐，包括蛋糕、蛋黄派、巧克力派、油炸食品、薯片、方便面、咖啡伴侣、“洋快餐”等垃圾食品，少食用。

4 维生素

水溶性维生素：B族、叶酸、维生素C。

脂溶性维生素：维生素A、D、E、K。β－胡萝卜素是维生素A的前体，比直接服维生素A制剂安全。

以水果、蔬菜为主要来源。

5 矿物质

7种常量元素：钙、磷、氯、钠、钾、镁、硫等。

8种微量元素：铁、硒、锌、铜、铬、碘、钼、钴等。

6 水

6至9杯水（每杯200ml），即1200ml/天～1800ml/天，包括汤、粥等。

7 膳食纤维

不能被人体利用的多糖，对糖耐量异常、肥胖、改善便秘、降低血脂有利，已被列为人体必须营养素之一。小米、高粱米、玉米、紫米，荞麦面，杂豆类，各种薯类等粗粮中含量丰富。

等值食物交换表

2

◆ 等值硬果类交换表

每份提供蛋白质4g、脂肪7g、碳水化合物2g、热量90kcal。

食物	重量（g）
芝麻酱	15
花生米	15
核桃粉	15
杏仁	15
葵花子（带壳）	25
南瓜子（带壳）	25
西瓜子（带壳）	40

◆ 等值油类交换表

每份提供脂肪10g、热量90kcal。

食物	重量（g）
花生油、香油	10
玉米油、菜子油	10
豆油（1汤勺）	10
黄油	10
猪油	10
牛油	10
羊油	10

◆ 等值谷类食物交换表

每份谷薯类食物提供蛋白质2g、碳水化合物20g、热能90kcal。

食物	重量（g）	食物	重量（g）
大米　小米　糯米　薏米	25	干粉条　干莲子	25
高粱米　玉米渣	25	油条　苏打饼干	25
面粉　米粉　混合面	25	生面条　魔芋生面条	35
荞麦面　各种挂面	25	马铃薯	100
绿豆　红豆　干豌豆	25	鲜玉米1个带棒心	200

◆ 等值奶类交换表

每份奶类提供蛋白质 5g、脂肪 5g、碳水化合物 6g、热量 90kcal。

食物	重量（g）	食物	重量（g）
奶粉	20	牛奶、羊奶	160
脱脂奶粉乳酪	25	市售袋奶 240g 约产生热量 135 kcal	
无糖酸奶	130		

◆ 蔬菜类交换表

每份蔬菜类食物提供蛋白质 2 g、碳水化合物 17g、热量 90kcal。

食物	重量（g）
大白菜 油菜圆 白菜 菠菜	500
韭菜 茴香 茼蒿 芹菜 盖菜	500
莴笋 油菜薹	500
黄瓜 苦瓜 丝瓜 蕨菜 苋菜	500
西葫芦 西红柿 冬瓜 苦瓜	500
绿豆芽 鲜菇 水浸海带	500
芥蓝 龙须菜	400
倭瓜 南瓜 菜花 白萝卜	400
青椒 茭白 冬笋	400
凉薯 山药 藕 荸荠	250
胡萝卜	200
慈姑 百合 芋头	100
毛豆 豌豆	70

◆ 水果类交换表

每份提供蛋白质 1g、碳水化合物 21g、热量 90kcal。

食物	重量（g）	食物	重量（g）
柿子 香蕉 鲜荔枝	150	李子 杏	200
梨 桃 苹果	200	葡萄	150
橘子 橙子 柚子	200	草莓	300
猕猴桃	200	西瓜	500

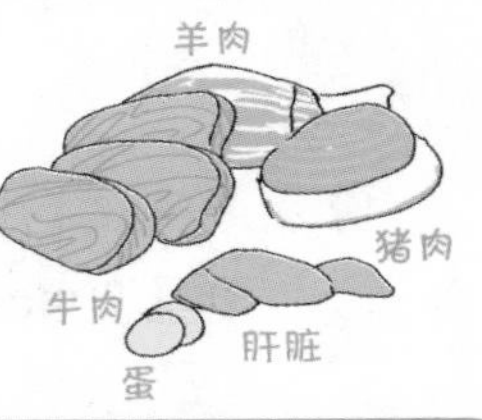

◆ 等值肉蛋类交换表

每份肉类提供蛋白质 9g、脂肪 6g，热量 90kcal。

食物	重量（g）	食物	重量（g）
瘦猪肉、牛肉、羊肉	50	鸡蛋（带壳 1 大个）	60
鸡肉、鸭肉、鹅肉、鸽子肉	50	鹌鹑蛋（带壳 6 个）	60
熟火腿 香肠	20	草鱼 甲鱼 带鱼 比目鱼	80
肥瘦猪肉	25	大黄鱼 黑鲢鱼 鲫鱼	100
酱肉 午餐肉 大肉肠	35	兔肉 鳝鱼 水浸鱿鱼	100
对虾 青虾 鲜贝 蟹肉	100		

◆ 等值豆类交换表

每份豆类制品提供蛋白质 9g，碳水化合物 4g，热量 90kcal。

食物	重量（g）	食物	重量（g）
腐竹	20	南豆腐	150
大豆	25	北豆腐	100
豆腐丝 豆腐干 油豆腐	50	大豆粉	25
豆浆	400		

三 以体重指数指导孕期热量分配

合理的饮食可以降低出生缺陷、降低妊娠合并症，利于孩子的孕期健康。

不同体重指数热量分配处方

体重分型	热量系数	整个孕期增重范围
BMI＜18.5——低体重	35	12.5～18kg
BMI=18.5～24.9——标准体重	30	11.5～16kg
BMI=25～29.9——超重	25	7～11.5kg
BMI＞30——肥胖	20	5～9kg

那么适宜热量为：标准体重 × 热量系数 ＋ 酌情加热量

与非孕期相比，妊娠早期热量增加为 50 kcal/ 天，妊娠中期热量增加为 200 kcal/ 天，妊娠晚期热量增加为 300kcal/ 天。双胎妊娠，热量适度增加。

举例：

一个 32 岁孕妇孕 10 周，身高 160 cm，体重 62kg，体重指数为 23.43，孕前标准体重为 55kg（160−105）。孕早期孕妇酌情加 50kcal。

计算热卡量为：55 × 30+50=1700kcal

需要的交换份数：1700kcal ÷ 90 ≈ 19 份

餐次分配

早餐 10%，中餐 30%，晚餐 30%，三顿加餐各占 10%，时间分别为上午 9～10 点，下午 3～4 点，晚加餐于睡前半小时。

不同孕期营养的摄入都包括主食、副食、乳制品、蔬菜、水果五大类。主食主要包括米饭、面食，以碳水化合物为主要成分；副食是以蔬菜和蘑菇、薯类、海藻等为主要材料，其中富含维生素及矿物质；主菜包括鱼、肉、蛋类、大豆等，主要以蛋白质为主。

19 份分配

按碳水化合物占 50% ～ 60% 计算，每天主食需要 9 份，肉蛋类 3 份，奶类 1.5 份，豆类 1.5 份，蔬菜 1 份，水果类 1 份，油脂类 2 份，三餐分配按早 10%，午晚 30%，三次加餐各 10%；推荐一日膳食为：

早餐：1 份谷类，1 份肉蛋，1 份豆制品、蔬菜 0.2 份，油脂 0.4 份

加餐：1 份谷类

午餐：2.5 份谷类，1 份肉蛋，0.5 份豆制品，蔬菜 0.4 份，油脂 0.8 份

加餐：1 份谷类，1 份水果

晚餐：2.5 份谷类，1 份肉蛋，0.4 份蔬菜，油脂 0.8 份

加餐：1 份谷类、1.5 份奶

当这个孕妇进入孕中期

计算热卡量为：55 × 30+200=1850kcal

需要的交换份数：1850kcal ÷ 90 ≈ 21 份

当这个孕妇进入孕晚期

计算热量为：

55 × 30+300=1950kcal

需要的交换份数：

1850kcal ÷ 90 ≈ 22 份

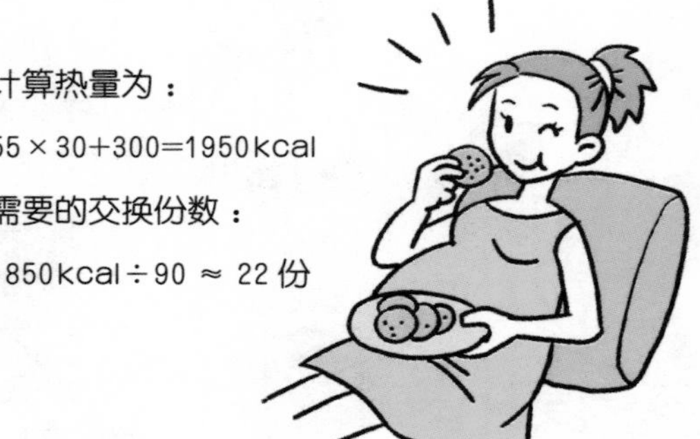

孕妈妈一天热量安排

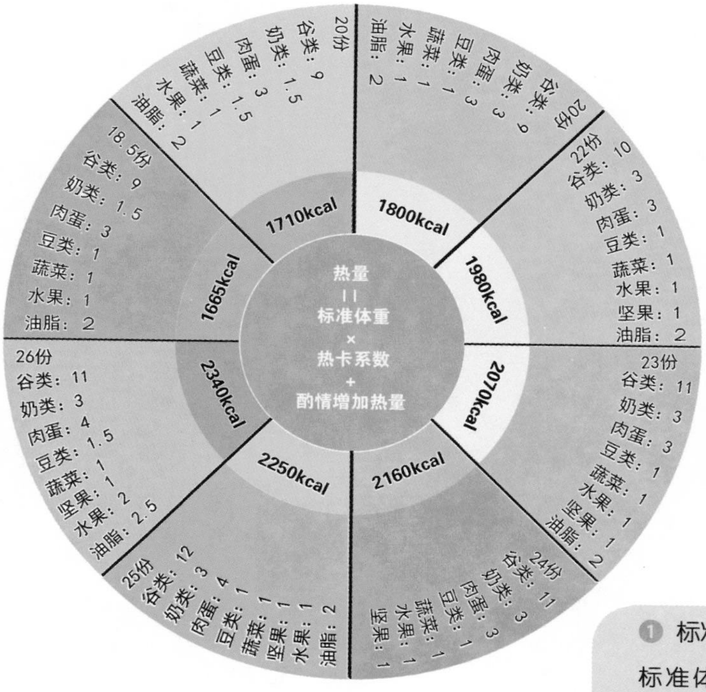

热量 = 标准体重 × 热卡系数 + 酌情增加热量

热量	份数	谷类	奶类	肉蛋	豆类	蔬菜	水果	坚果	油脂
1665kcal	18.5份	9	1.5	3	1	1	1		2
1710kcal	20份	9	1.5	3	1.5	1	1		2
1800kcal	20份	9	3	3	1	1	1		2
1980kcal	22份	10	3	3	1	1	1	1	2
2070kcal	23份	11	3	3	1	1	1	1	2
2160kcal	24份	11	3	3	1	1	1	1	
2250kcal	25份	12	3	4	1	1	1	1	2
2340kcal	26份	11	3	4	1.5	1	2	1	2.5

90 千卡的热量有多少？

1份主食的热量

65g 熟米饭

35g 全麦切片面包一片

35g 馒头（约拳头大小）

1份蛋奶的热量

鸡蛋 1 个

一袋 250ml 的奶

一杯 400ml 的豆浆

1份肉食的热量

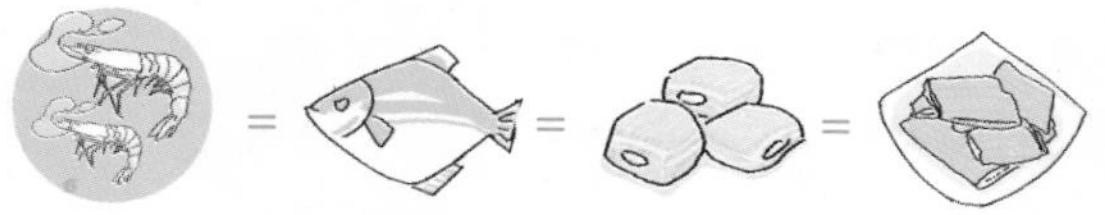

基围虾 7 ~ 8 只

平鱼手掌大小一条

排骨两块

带鱼两块

❶ 标准体重：

标准体重（kg）= 身高（cm）−105

❷ 热量系数为：

35/30/25/20

BMI= 体重（kg）/ 身高（m）× 身高（m）

① BMI<18.5 —— 热量系数 35

② BMI=18.5 ~ 24.9 —— 热量系数 30

③ BMI=25 ~ 29.9 —— 热量系数 25

④ BMI>30 —— 热量系数 20

❸ 酌情增加热量：

50/200/300

孕早期——50kcal

孕中期——200kcal

孕晚期——300kcal

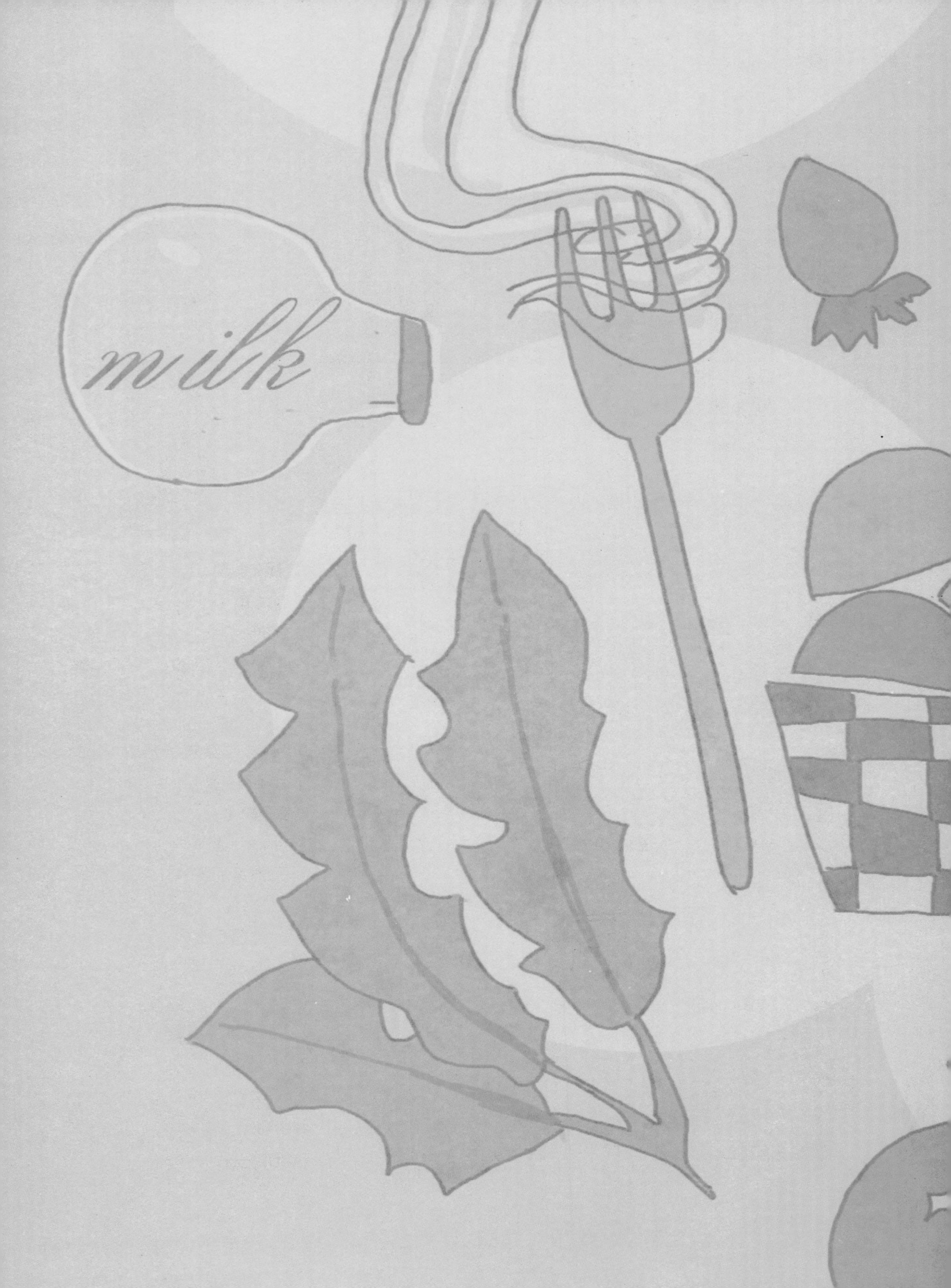
milk

Chapter 3

孕早期，营养瘦身两不误

孕早期并不需要大幅增加热量，营养均衡就可以了。同时保持适度运动，节制性生活。由于孕激素的影响，孕妈妈可能情绪波动比较大，准爸爸要及时安抚。

一 应对让准妈妈掏心掏肝的孕吐

"孕吐"，又称作"害喜"或"早孕反应"，是指孕初期孕妇所产生的恶心、呕吐、食欲不振等现象，一般在清晨起床时最为严重。女性怀孕之后，体内的荷尔蒙分泌大大增加，容易引起恶心、呕吐的发生；同时孕妇体内会分泌大量的黄体酮来稳定子宫，减少子宫平滑肌的收缩，也影响到肠胃道平滑肌的蠕动，造成消化不良，出现反胃、呕酸水等现象。心理因素一定程度上也会造成害喜现象。不是所有的孕妇都会害喜，一般情况下，体质较差、容易紧张的孕妇，害喜症状会更严重。

少量多餐

想吃就吃，不必强求每餐分量。随意进食，反倒能增进食量。有的孕妈妈喜欢吃酸的，有的喜欢吃辣的，挑选自己喜欢吃的食物，选择适当的烹调方法。嚼口香糖，吃低热量的食物也可以缓解孕吐。食物性质应以干食较适宜，如饼干、面包干、馒头干。

吃凉的食物

把食物放凉气味就下降，没有那么严重的气味就容易吃下去。实在难以进食的孕妈妈，甚至可以将食物冻成冰，含着冰块吃。

吃点水果和姜

多吃水果，水果比甜食更有止吐的效果。姜可以有效缓解呕吐，怀孕期间吃姜并没有危险。

勤补充水分

每天经常性地喝水，争取每天喝水量达到1700 毫升左右。避免发生脱水，勤喝水。即使每次量很少也可以。水中加薄荷或柠檬，也有缓解呕吐的作用。

有时需要去医院

大多早孕反应会自然痊愈，无须治疗。少数孕妈妈早孕反应会特别严重，呈持续性呕吐，甚至不能进食、进水。这称为"妊娠剧吐"。一旦孕妈妈出现妊娠剧吐，要及时去医院就诊。

这时候去医院吧

每天吐三四次以上，几乎无法进食；

体重在一周内减少 1 ～ 2 公斤；

尿量明显减少，颜色变深；

喝水都吐。

八道菜有效解决孕吐烦恼

芹菜炒牛肉

材料：芹菜 200 克，瘦牛肉 100 克。

调料：植物油 8 克，酱油、料酒、团粉、葱、姜、盐各适量。

做法：①牛肉洗干净，切细丝，用酱油、料酒、团粉调好。②芹菜洗净后，切成 3 厘米长的段，用开水焯一下；葱、姜洗净后切成丝。③将炒锅置火上，锅内放底油，烧热后放入葱丝、姜丝爆香，倒入牛肉丝，大火快炒至熟时，把芹菜下锅，加入盐和调料，急炒一会儿即可。

热量：205kcal
蛋白质：22g
脂肪：11g
碳水化合物：8g

水果沙拉

热量：320kcal
蛋白质：2g
脂肪：0.5g
碳水化合物：80g

材料：小番茄 60 克，樱桃 20 克，草莓 15 克，苹果、鸭梨、橘子各 50 克，荔枝 2 个 15 克，菠萝 8 块 30 克。

调料：白糖 10 克、鲜奶油 5 克，葡萄酒、碎杏仁各适量。

做法：①苹果、鸭梨洗净削皮、挖核，切厚片；橘子掰小瓣；荔枝切小块；菠萝切厚片；小番茄、樱桃、草莓洗净。②切好水果全放瓷盘，加白糖、葡萄酒拌匀，撒碎杏仁，挤鲜奶油，点缀小番茄、草莓、樱桃。

热量：415kcal
蛋白质：7g
脂肪：1.2g
碳水化合物：120g

乌梅红枣汤

材料：乌梅 20 克，大枣 100 克，银耳 50 克。

调料：冰糖 10 克。

做法：①乌梅、大枣浸泡 30 分钟洗去浮尘，银耳泡发后择洗干净备用。②锅置火上，放清水、大枣、乌梅、银耳、冰糖，小火炖 40 分钟调味即可。

冰糖莲子

热量：1580kcal
蛋白质：52g
脂肪：56g
碳水化合物：227g

材料：干莲子 300 克，猪油 50 克。

调料：冰糖 15 克、蜂糖 10 克，碱少许。

做法：①锅内注水淹没莲子，加碱，置大火上，下莲子，用锅刷反复搓刷，莲衣脱尽离火，温水洗净，切去两头，抽去莲心。②莲子放入盅内，注水，上蒸笼用大火蒸熟取出。③另取一碗，倒少许油，码入蒸熟的莲子，冰糖捣碎撒在上面，棉纸封口再上蒸笼蒸烂；去棉纸，倒出汁，加蜂糖收浓，浇在莲子上。每餐 50 克。

红烧黄花鱼

材料：黄花鱼 2 条 1000 克，番茄 150 克。

调料：黄酒、生抽、老抽、姜末、蒜末、香菜段各少许，植物油 10 克，白糖 10 克，盐、醋、胡椒粉各适量。

做法：①黄花鱼洗净、沥水，盐、胡椒粉、黄酒腌 20 分钟。②热油锅，放姜末、蒜末煸香，放切碎的番茄炒软，加水煮沸。③黄花鱼入锅，加黄酒、老抽、生抽、醋、糖大火烧开，转小火，汤汁收剩一成关火。④入盘后撒香菜段。低脂肪适宜 2～3 人餐。

热量：780kcal 蛋白质：115g
脂肪：30g 碳水化合物：17g

芥蓝炒牛肉

材料：嫩牛肉 300 克，芥蓝 250 克。

调料：油 5 克，耗油 10 克，白糖 5 克，生姜片、料酒、酱油、盐、芡汁各适量。

做法：①牛肉洗净切片，料酒、酱油、盐、白糖、油腌 5 分钟。②锅里放少许油，下牛肉片翻炒片刻盛出；芥蓝洗净，切段，开水焯烫片刻，冷水过凉。③锅里放油烧热，放姜片、芥蓝段、牛肉片翻炒片刻，淋蚝油，倒芡汁勾芡，即可。

低脂食物，适宜 2 人餐。

热量：490kcal 蛋白质：64g
脂肪：23gl 碳水化合物：15g

凉拌牛肉

材料：牛肉 500 克，香菜少许。

调料：香油、酱油、醋、熟芝麻、花椒粉、蒜泥各适量。

做法：①牛肉洗净，放入沸水中焯一下，换水煮至熟烂，捞出晾凉，切薄片。②香油、酱油、醋、熟芝麻、花椒粉、蒜泥搅拌均匀，浇在牛肉片上，最后撒上少许香菜即可。低脂食物，适宜 2 人餐。

热量：580kcal 蛋白质：111g
脂肪：10g 碳水化合物：12g

柠檬粟米粥

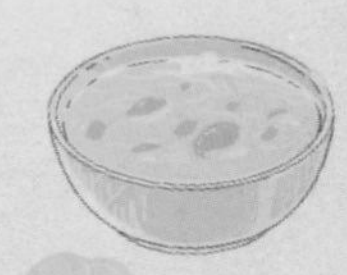

材料：粟米 100 克，柠檬 1 个 100 克，红枣 6 枚 25 克。

调料：冰糖 10 克。

做法：①柠檬洗净，切成小丁；红枣去核，洗净。②粟米淘洗干净，放锅内，加适量清水烧开，用小火熬至米粒开花，加上红枣、柠檬丁，再煮至熟烂，最后加冰糖调味，调匀即可。

热量：475kcal 蛋白质：9g
脂肪：2g 碳水化合物：110g

叶酸是一种水溶性 B 族维生素，是传导神经冲动的重要化学物质，并具有抗贫血性能，是胎儿生长发育不可缺少的营养素，更是胎儿脑发育中的“支柱”，有利于提高胎儿的智力，使新生儿更健康、更聪明。每天摄取足够的叶酸，能确保胎儿的正常生长发育，而且还会减轻妊娠反应，避免孕期贫血。

烹饪略改变，巧妙留叶酸

天然叶酸极不稳定，遇光、遇热就会发生氧化，容易失去活性。蔬菜贮藏 2 ～ 3 天后，叶酸会损失 50% ～ 70%；煲汤、炖煮等烹饪方法会使食物中的叶酸损失 50% ～ 95%；盐水浸泡过的蔬菜，叶酸的成分也会损失很大。

因此，孕妈妈们要改变一些烹饪习惯，凉拌、生吃或做沙拉最能保住叶酸；其次就是少油少盐快炒；另外，切后再洗菜，叶酸也易流失；叶酸与钙结合成叶酸钙，使叶酸和钙都失去活性，所以叶酸多的食物尽量少和含钙多的食物搭配，以便尽可能减少叶酸流失。

这些食物好，叶酸含量高

在整个孕期，尤其是早孕期适当补充叶酸的重要性不言而喻。除了可以用含有叶酸的药物来补充叶酸之外，食物中的叶酸含量也相当高，如蔬菜、水果及动物肝脏中叶酸含量都非常丰富，具体如下表所示：

蔬菜	莴苣、菠菜、番茄、胡萝卜、青菜、龙须菜、花椰菜、油菜、油麦菜、小白菜、香菜、扁豆、豆荚、蘑菇等
新鲜水果	橘子、草莓、樱桃、香蕉、柠檬、桃子、李子、杏、杨梅、海棠、酸枣、山楂、石榴、葡萄、猕猴桃、梨
动物性食品	动物的肝脏、肾脏、禽肉及蛋类，如猪肝、鸡肉、牛肉、羊肉等
豆类、坚果	黄豆、豆制品、核桃、腰果、栗子、杏仁、松子等
谷物类	大麦、米糠、小麦胚芽、糙米等

草莓黄瓜

热量：70kcal 蛋白质：2.1g
脂肪：0.5g 碳水化合物：16g

材料：草莓100克，黄瓜150克。

调料：白糖5克，白醋、盐各适量。

做法：①白糖用凉开水化开，草莓去蒂洗净，控干备用。②黄瓜洗净切片，放入容器内，加入盐腌制15分钟，然后放凉水中稍漂洗，取出控干水分，放入玻璃容器内。③草莓碾碎，淋入白糖水和少许白醋，拌匀后浇在黄瓜片上即可。

多彩芦笋

热量：208kcal 蛋白质：12g
脂肪：18g 碳水化合物：10g

材料：芦笋300克，熟火腿25克红柿子椒25克。

调料：植物油10克，葱末、姜末、盐各少许。

做法：①芦笋洗净，削去根部；火腿切丝；红椒去蒂子，洗净切丝。②炒锅加水烧开，加入少许植物油、盐，放入芦笋焯烫片刻，沥水切段。③炒锅倒油烧至五成热，下葱末、姜末爆香，随后放芦笋段、火腿片、红椒丝翻炒，最后加盐调味炒匀即可。

蒜蓉空心菜

热量：166kcal 蛋白质：8.4g
脂肪：11g 碳水化合物：14g

材料：空心菜500克。

调料：植物油8克，蒜、花椒、盐各少许。

做法：①空心菜洗净切段；蒜切末。②锅中倒油烧热，放花椒、蒜末爆香，然后放空心菜段，快速翻炒变色后，加盐调味，炒匀出锅即可。适宜2人餐。

凉拌菠菜

热量：174Kcal
蛋白质：14g
脂肪：6.6g
碳水化合物：24g

材料：菠菜600克，花生仁少许。

调料：盐、蒜末各少许，香油2克。

做法：①菠菜洗净切长段，放入沸水焯烫，捞出控水。②加盐、蒜末、香油一起搅拌均匀，撒上花生仁即可。适宜2人餐。

松仁玉米

热量：1050kcal 蛋白质：23g
脂肪：84g 碳水化合物：70g

材料：嫩玉米棒 2 个 500 克、剥壳松仁 100 克。

调料：白糖 5 克，植物油 8 克，盐、葱花、水淀粉、香油各少许。

做法：①把玉米棒上的玉米粒剥落。②锅中倒水烧开，放入玉米粒煮熟沥出。③炒锅放油烧至六成热，放葱花煸香，倒玉米粒和松仁，加盐、糖和少许煮玉米的水翻炒片刻，用水淀粉勾芡，淋香油出锅即可。适宜 3 ～ 4 人餐。

姜汁菠菜

热量：156Kcal
蛋白质：12g
脂肪：6.5g
碳水化合物：21g

材料：嫩菠菜 500 克，生姜 25 克。

调料：香油 2 克，盐、酱油、醋各适量。

做法：①菠菜去根洗净，放入沸水烫熟，捞出沥水，淋上香油拌匀，放入盘中。②生姜去皮，切成细末放入碗中，加盐、酱油、醋调成姜汁。③菠菜、姜汁分盘上桌，吃时夹菠菜蘸姜汁。

素炒藕片

热量：200Kcal
蛋白质：4.2g
脂肪：5.5g
碳水化合物：36g

材料：鲜藕 250 克。

调料：植物油 5 克，葱花、姜末、蒜末、盐、醋各少许。

做法：①藕去皮洗净，切成薄片备用。②炒锅放适量植物油烧热后，投入葱花、姜末、蒜末煸出香味，再放入藕片煸炒，加入醋、盐，翻炒几下，起锅即可。

番茄烧丝瓜

热量：182Kcal
蛋白质：4.6g
脂肪：11g
碳水化合物：20g

材料：番茄 50 克，嫩丝瓜 500 克。

调料：植物油 10 克，盐、姜汁、水淀粉、香油、料酒各少许。

做法：①番茄去蒂洗净；嫩丝瓜去皮切片，下沸水锅焯透捞出。②炒锅倒油烧热，烹入姜汁、料酒、盐、番茄、丝瓜片，烧沸后改为小火，烧至入味，用水淀粉勾芡，淋入香油，颠翻出锅盛盘即可。适宜 2 人餐。

香菇炖鸡

热量：1380Kcal
蛋白质：110g
脂肪：89g
碳水化合物：40g

材料：肥嫩母鸡 1 只 800 克，水发香菇 3 朵。

调料：料酒、鸡汤各适量。

做法：①香菇泡发，洗净撕成小块。②鸡处理干净，从背部剖开，再横切 3 刀，鸡腹向上放入炖钵，铺上香菇块，加入鸡汤。③钵内放入盛有料酒的小杯，加盖封严，蒸 2 小时后取出钵内小杯即可。热量较高，适宜 2 ～ 3 人餐。

山药鸡蓉粥

材料：大米 100 克，山药、鸡脯肉各 50 克，鸡蛋 1 个（取蛋清），芹菜、黑芝麻各少许。

热量：450kcal 蛋白质：26g
脂肪：3.5g 碳水化合物：80g

调料：盐、淀粉各少许。

做法：①芹菜洗净，切成细丁；山药去皮，洗净切成丁。②鸡脯肉洗净，剁成蓉，加盐、蛋清、淀粉拌匀上浆。③大米淘洗干净，入锅加清水煮开，用小火煮至八成熟时，加入山药丁、鸡肉蓉同煮，最后放芹菜丁煮至熟烂，撒上少许黑芝麻即可。

炝黄豆芽

材料：黄豆芽 300 克。

热量：267kcal 蛋白质：13.5g
脂肪：20g 碳水化合物：14g

调料：植物油 15 克，盐、花椒、大葱各适量。

做法：①黄豆芽去掉豆皮洗净，沸水烫透，凉水过凉，沥干水分，放入盆内。②大葱洗净切末。③锅放油烧热，下花椒，炸好后去掉花椒，成花椒油。④在黄豆芽上加葱末，浇上花椒油，略焖一会儿，再加入盐，拌匀后即可装盘上桌。

青椒双菇

材料：香菇、金针菇各 50 克，火腿 25 克，青圆椒 1 个。

调料：植物油 10 克，盐、酱油各少许。

做法：①香菇 10 克，泡发切片；金针菇泡软，洗净沥水；火腿、青椒均切丝。②炒锅加油烧热，下青椒丝煸出香味，再下香菇片、火腿丝翻炒，最后放金针菇，加盐和少许酱油调味，翻炒均匀即可。

热量：196kcal 蛋白质：6g
脂肪：18g 碳水化合物：7.5g

西兰花炒肉

材料：猪五花肉、西兰花各 100 克。

调料：植物油 5 克，大蒜、盐、水淀粉、料酒各适量。

热量：468kcal 蛋白质：17g
脂肪：43g 碳水化合物：6g

做法：①西兰花洗净，掰小朵；五花肉洗净；蒜切片。②炒锅加水烧开，加适量盐，放西兰花焯烫捞出；再放五花肉焯去血水，捞出切薄片。③炒锅洗净放油烧热，下蒜片爆香，放西兰花、肉片、料酒翻炒熟，加盐调味，用水淀粉勾芡。

Tips：叶酸并非补得越多越好

孕期前后虽然不可缺少叶酸，但若过量摄入叶酸，也会导致某些进行性的、未知的神经损害的危险性增加。除了曾生育过神经管缺损畸形儿的孕妇外，大量的临床研究显示，孕妇对叶酸的日摄入量上限为 1000 微克。每天摄入 400 ～ 800 微克的叶酸，就对预防胎儿神经管畸形和其他出生缺陷非常有效了。

三 孕期维生素，建议从食物中补充

维生素参与极其重要的生理过程，但是建议维生素的补充主要从食物中获取，不太主张在备孕期或孕期自行补充各种营养品。

维生素不是吃得越多越好

营养品当中通常含有各种维生素，而你的身体可能并不缺乏那些维生素。有的人喜欢补充维生素 C，维生素 E，维生素复合片。比如维生素 E，现在发现补充维生素 E 过量会引发恶性肿瘤；维生素 C 补充过量也会产生不良后果，还有维生素 A 过量甚至引发血液中毒。如果你体内不缺乏，你刻意去补，反而对自身和孩子都会造成不好的后果。国外有这方面的研究，发现很多哮喘的孩子的妈妈在孕期都吃了过多维生素 A。

维生素 A 促使胎宝宝健康发育

维生素 A 对精子的生成和胎儿的健康发育必不可少。我国推荐每日膳食中孕妈妈维生素 A 当量为 1000μg。维生素 A 主要存在于动物性食物中。如果体内缺乏维生素 A，孕妈妈可发生夜盲、贫血、早产，胎儿可能致畸（唇裂、腭裂、小头畸形等）。

富含维生素 A 的食物主要有动物的肝脏、海产品、奶油和鸡蛋等动物性食物。此外，鲫鱼、白鲢、鳝鱼、人奶、牛奶等也含有丰富的维生素 A。另外，胡萝卜、甘薯及黄玉米等红黄色蔬菜、水果和绿叶菜中含有较多的胡萝卜素，其进入人体后，可在肝脏中转变为维生素 A。

富含维生素 A 的美味菜肴

热量：393kcal 蛋白质：39g
脂肪：18g 碳水化合物：21g

韭菜炒羊肝

材料：韭菜 150 克，羊肝 200 克。

调料：植物油 10 克，姜、葱、盐各适量。

做法：①韭菜择洗干净，切段；姜切片，葱切段备用；羊肝洗净，撕去筋膜，切成片。②炒锅放油烧热，放入葱段、姜片爆香，下羊肝片煸炒，变色后加韭菜段、盐，翻炒均匀即可。建议每周 1 ～ 2 次。

番茄炒豆角

材料：番茄 50 克，豆角 100 克。

调料：植物油 10 克，肉汤、盐各少许。

做法：①番茄去蒂洗净，切块；豆角择洗干净，去筋络，切小段。②炒锅放油烧热，下豆角段煸炒，至八成熟，下番茄块，加肉汤、盐翻炒入味即可。

热量：128kcal 蛋白质：3g
脂肪：11g 碳水化合物：9g

热量：212kcal 蛋白质：18g
脂肪：8g 碳水化合物：30g

什锦西芹

材料：西芹 300 克，水发冬菇、豆腐干各 100 克，笋片 50 克。

调料：白糖 2 克，香油、盐、姜末各适量。

做法：①将西芹去根择洗干净，切成小段，放入沸水中焯一下，再用凉水浸透，捞出控水。②将水发冬菇、笋片、豆腐干切成丝，放入沸水中焯一下，捞起，连同西芹段一起放入盘内。③加入盐、白糖、姜末，淋入少许香油，拌匀即可。

香菇烩丝瓜

材料：丝瓜 500 克，香菇 15 克。

调料：植物油 8 克，香油、姜、水淀粉、盐、料酒各适量。

做法：①香菇洗净泡发后，去蒂切片；把香菇水倒在另一个碗内备用。②丝瓜去皮，一剖两半，横切成片，用开水稍烫过凉；姜洗净，去皮切末，用水泡上，做成姜汁。③炒锅放油烧热，烹入姜汁、料酒，放香菇汤、盐、香菇片、丝瓜片煮开锅后，以淀粉勾芡，放入香油即可。适宜 2 人餐。

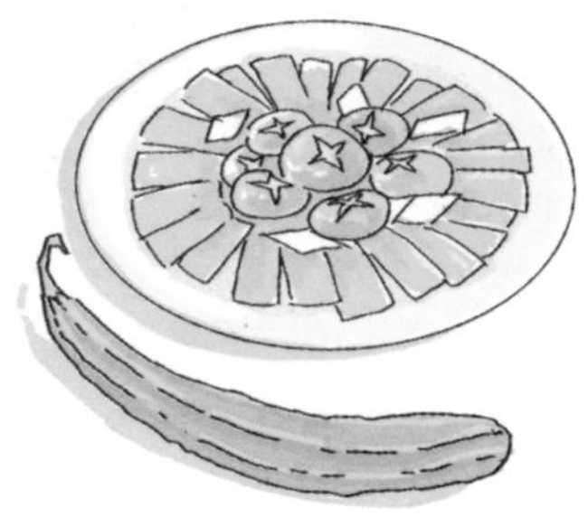

热量：176kcal 蛋白质：4.5g
脂肪：11g 碳水化合物：19g

奶汁白菜

热量：350kcal 蛋白质：19g
脂肪：19g 碳水化合物：30g

材料：白菜 500 克，火腿丁、虾米各 15 克，牛奶 100 克，玉米淀粉 15 克。

调料：植物油 8 克，高汤适量，盐、香油、姜末、淀粉各少许。

做法：①白菜切成 15 厘米长、5 厘米宽的条。②炒锅放油烧至七成热，白菜条下锅炸 1 分钟左右，见白菜条四周呈米黄色时捞出控油。③原锅留油，放姜末炝锅；倒入炸好的白菜条、牛奶、虾米、盐和少许高汤，小火焖，待汁少时放火腿丁，用淀粉勾芡，芡熟淋香油出锅。每人每餐半分。

地三鲜

材料：茄子 200 克，土豆、青椒各 100 克。

调料：植物油 10 克，白糖 10 克，盐、酱油、葱姜末、水淀粉各适量。

做法：①土豆去皮，与茄子分别切成滚刀块；青椒去蒂，洗净切片；材料入炒锅炸至金黄，捞出控油。②炒锅放油烧至四成热，放葱姜末炝锅，放入炸过的材料，翻炒 3 分钟，用盐、酱油、白糖调味，用水淀粉勾芡，淋上香油即可。

热量：268kcal 蛋白质：6g
脂肪：11g 碳水化合物：42g

维生素C是形成骨骼、牙齿、结缔组织所必需

我国推荐孕妈妈每日膳食中维生素C供给量为80 mg。樱桃、杏、苹果、柑橘类水果，以及青椒、番茄、土豆、花菜、西兰花、白菜、卷心菜、菠菜等蔬菜都含有丰富的维生素C。常见食物维生素C含量如下：

食物	维生素C含量（mg/100g）
猕猴桃	62
番石榴	68
柿子椒（红）	104
苦瓜	56
西兰花	51
柠檬	22
草莓	47
柿子	30
番茄	19
樱桃	10

维生素C在热、碱、氧等状态下容易流失掉。一般情况下，蔬菜在烹调过程中可损失30%～50%的维生素C。因此，要注意合理的烹调。蔬菜烹调时要先洗后切，切好就炒。

清香绿豆芽

热量：110kcal
蛋白质：7g
脂肪：5.5g 碳水化合物：11g

材料：绿豆芽300克，青椒1个。

调料：植物油5克，酱油、盐各适量。

做法：①绿豆芽洗净；青椒去蒂子，洗净切成丝。②炒锅加油烧热，放青椒丝煸炒几下，倒入绿豆芽，大火翻炒，加少许酱油、盐调味，翻炒至熟即可。

番茄茄条

热量：170kcal
蛋白质：4.5g
脂肪：11g
碳水化合物：19g

材料：番茄100克，茄子200克，青椒50克，葱、姜各少许。

调料：植物油10克，盐、酱油、胡椒粉各适量。

做法：①番茄、茄子都洗净，番茄切成块，茄子切成条；葱、姜切末。②炒锅加油烧热，下葱姜末爆香，放入番茄块炒成糊状，再下茄条翻炒，加入盐、胡椒粉，淋上少许酱油，翻炒至熟即可。

红椒炒鸡蛋

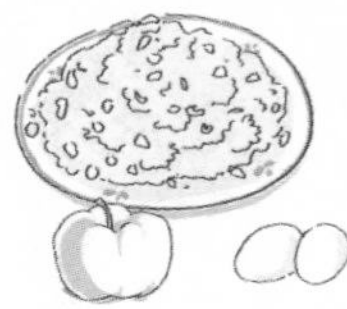

热量：332kcal
蛋白质：19g
脂肪：25g
碳水化合物：11g

材料：鸡蛋3个，红柿子椒200克。

调料：植物油10克，盐适量。

做法：①红椒洗净，切成自己喜爱的形状。②鸡蛋打入碗内，加适量盐用筷子搅匀。③锅内放油，待烧热后倒入鸡蛋液炒成块，然后放入红椒翻炒，加少量盐，炒3～5分钟，盛盘即可。

七道富含维生素 C 的菜肴

西芹花生米

热量：590kcal
蛋白质：25g
脂肪：48g
碳水化合物：36g

材料：芹菜 300 克，花生米 100 克。

调料：酱油、盐、白糖、醋、豆酱各适量。

做法：①花生米炸脆，去皮。②芹菜择洗干净切段，放入沸水焯烫，捞出放凉入凉水。③把芹菜段从凉水中捞出控水，和花生米一起装盘，将酱油、盐、白糖、醋、豆酱在小碗中拌匀成调味汁。

糖醋青椒

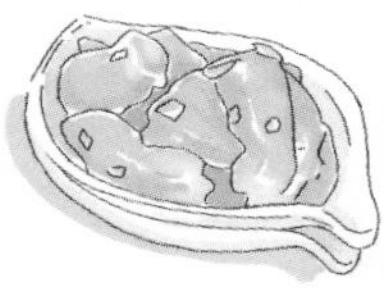

热量：382Kcal
蛋白质：19g
脂肪：25g
碳水化合物：23g

材料：鸡蛋 3 个，红柿子椒 200 克。

调料：植物油 10 克，糖、醋 15 克，盐适量。

做法：①红椒洗净，切成自己喜爱的形状。②鸡蛋打入碗内，加适量盐用筷子搅匀。③锅内放油，待烧热后倒入鸡蛋液炒成块，然后放入红椒翻炒，加糖、醋少量盐，炒 3 ～ 5 分钟，盛盘即可。

柚子炖鸡

热量：906kcal
蛋白质：103g
脂肪：50g
碳水化合物：13g

材料：柚子 1 个，白条嫩鸡 1 只 800 克。

调料：盐、姜片、葱段、料酒各适量。

做法：①柚子剥皮，去掉白膜，掰成小瓣；嫩鸡处理干净。②把柚子瓣放进鸡腹内，再一起放进炖锅内，放入姜片、葱段、料酒、盐，炖约 3 小时即可。高热量适宜 2 人餐。

韭菜炒豆芽

热量：186kcal
蛋白质：11g
脂肪：11g
碳水化合物：16g

材料：绿豆芽 400 克，韭菜 100 克。

调料：植物油 8 克，盐、葱、姜各适量。

做法：①绿豆芽洗净，捞出控水。②韭菜洗净，切成 3 厘米长的段；葱、姜切成丝。③炒锅放油，烧热后用葱姜丝炝锅，随即倒入绿豆芽，翻炒几下，再倒入韭菜段，放入盐，翻炒几下即可。

Tips：吃水果不是越多越好

有些人认为水果多吃没事，孩子会皮肤好且不会长胖。实际上吃水果并不是多多益善。摄入过量，机体会将过多的果糖转化为脂肪。有的孕妇食物量结构都好，增重超标，分析原因为水果吃得多。苹果橘子每天各一个就够了，草莓 5 ～ 6 个，于加餐时吃，不要饭后吃。

维生素 D 作用不可小觑

主要是维生素 D_2 和维生素 D_3。我国推荐孕妈妈每日膳食中维生素 D 的供给量为 10μg。

富含维生素 D 的食物包括大马哈鱼、鲭鱼、沙丁鱼等油性鱼，奶类、肝脏、红肉以及蛋类等往往也含有比较多的维生素 D。另外，维生素 D 强化食物，比如黄油和某些早餐麦片，也含有少量维生素 D。

常见食物维生素 D 含量表

食物	含量（mg / 100 g）	食物	含量（mg / 100 g）
鱼肝油	8500	奶油(脂肪含量31.3%)	50
大马哈鱼和虹鳟鱼罐头	500	鸡蛋（煎、煮、荷包）	49
金枪鱼罐头	232	牛奶（脂肪含量 1%～3.71%）	41
奶油(脂肪含量37.6%)	100	烤羊肝	23
脱脂牛奶（罐装）	88	煎牛肝	19
炖鸡肝	67	鲜碎肝午餐肉	15
人造黄油煎猪肝	51	煎小牛肝	14

Tips：维生素 D 合理补充

妊娠期间，孕妇每日一般需要摄入维生素 D 的量为 10 微克。孕妇可以通过经常晒太阳、合理膳食获得充足的维生素 D。若有必要，怀孕期间还可以适当服用一些维生素 D 补充剂，但切记不要过量。因为人体内维生素 D 过量可引起厌食、恶心和呕吐，继而出现尿频、烦渴、乏力、神经过敏和瘙痒等，甚至还会导致肾脏受到严重损害。

富含维生素D的菜肴

热量：1210kcal
蛋白质：110g
脂肪：26g
碳水化合物：152g

豆渣鸡蛋饼

豆渣鸡蛋饼

材料：豆渣 200 克，面粉 100 克，鸡蛋 2 个。

调料：植物油 10 克，盐、黑胡椒碎、大蒜粉、小葱各适量。

做法：①鸡蛋打散；小葱洗净切末。②豆渣、面粉、鸡蛋、盐、黑胡椒碎、大蒜粉、小葱末拌匀。③平底锅放少许油烧热，取一面团在掌心揉成球状再压成圆形，放入锅中煎。④两面煎熟即可。高热量，适宜 2～3 人餐。

热量：73kcal
蛋白质：2.2g
脂肪：5.2g
碳水化合物：6g

蒜泥海带

蒜泥海带

材料：水发海带 200 克。

调料：蒜泥、醋、酱油、盐、香油各适量。

做法：①海带洗净，切成细丝，加清水煮透、煮软。②蒜泥、醋、酱油、盐、香油一起调成味汁。③调好的味汁和海带丝一起搅拌均匀即可。

热量：540kcal
蛋白质：94g
脂肪：5g
碳水化合物：36g

牛肉什蔬汤

牛肉什蔬汤

材料：牛肉 400 克，胡萝卜、马铃薯各 100 克，西兰花 50 克，洋葱少许。

调料：盐、料酒、姜汁各少许。

做法：①牛肉切片，马铃薯洗净切滚刀块，西兰花切小朵，胡萝卜去皮切块。②汤锅中加适量高汤，放牛肉煮开，然后加胡萝卜、马铃薯煮烂，再放入西兰花、洋葱、盐、料酒和姜汁，大火煮沸，转小火慢炖至熟即可。

热量：502kcal
蛋白质：48g
脂肪：28g
碳水化合物：15g

干炸小黄鱼

材料：小黄鱼 400 克。

调料：油 20 克，干面粉少许，盐、料酒各适量。

做法：①小黄鱼去头和内脏，洗净，放盐和料酒腌渍 2 小时，放入干面粉盆中滚匀面粉。②油烧至六七成热，将小黄鱼逐个放入炸至呈金黄色取出，当油温升至八成热时再炸一遍，使之焦脆即可。油炸食品少吃为宜。

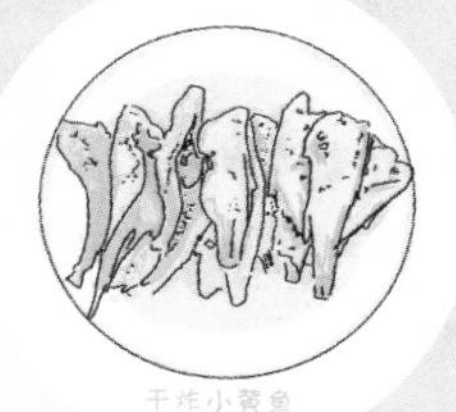
干炸小黄鱼

西芹双鲜

西芹双鲜

热量：285kcal 蛋白质：27g
脂肪：17g 碳水化合物：9g

材料：墨鱼 1 条 1200 克，鲜虾仁 50 克，西芹 100 克。

调料：油 15 克，盐、糖、生粉各少许。

做法：①墨鱼去头，从有背骨面开刀，切花刀状。②墨鱼和鲜虾仁入滚水略焯，控干。鲜虾仁洗净，生粉上浆备用。③炒锅加油烧至五成热，放鲜虾仁和墨鱼卷，炸熟取出。④锅留底油，倒西芹，翻炒至五成熟，加鲜虾仁和墨鱼卷一起翻炒，放盐、糖，略加水，翻炒片刻。

牛奶炖乌鸡

材料：乌鸡 750 克，牛奶 250 毫升，莴笋 100 克，枸杞 3 克。

调料：黄酒、姜末、蒜末、葱末各 10 克，盐适量。

做法：①莴笋削皮洗净，切片；枸杞泡发。②乌鸡洗净，用黄酒、盐抹匀腌渍半小时，放冷水锅中煮开。③撇净浮沫，放葱末、姜末、蒜末，小火炖 25 分钟。④倒牛奶，再炖 5 分钟。⑤放莴笋片、枸杞，再煮 1 ～ 2 分钟即可。适宜 2 人餐。

热量：580kcal 蛋白质：90g
脂肪：18g 碳水化合物：16g

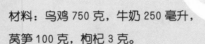

香椿拌豆腐

材料：北豆腐 400 克，香椿 150 克。

调料：香油、盐各少许。

做法：①香椿择洗干净，入沸水锅中氽一下，去掉涩味，捞出沥水，切成段。②豆腐入沸水锅氽烫，去掉涩味，捞出切小块。③香椿、豆腐都放进盘里，加盐拌匀，淋上香油即可。每人每餐半份，适宜 2 人餐。

热量：500kcal 蛋白质：39g
脂肪：33g 碳水化合物：25g

奶油蘑菇汤

材料：蘑菇 300 克，猪瘦肉、牛奶、面粉各少许。

调料：黄油 10 克，盐、葱、料酒各适量。

做法：①猪瘦肉切丁，放到锅内煮，开锅后撇去浮沫，加葱、料酒，用微火煮烂。②炒锅烧热放黄油，油热放面粉用微火炒黄，炒香，把煮烂的肉连汤分 3 次倒入锅内，搅拌成糊。③蘑菇连汤和牛奶分 2 ～ 3 次倒入锅内，加盐即可。

奶油蘑菇汤

热量：250kcal
蛋白质：22g
脂肪：13g
碳水化合物：18g

溏心蛋

材料：鸡蛋 10 个。

调料：大料、酱油、冰糖、盐各适量。

做法：①炒锅放水，加大料、酱油、冰糖，浸泡 20 分钟后煮滚，即成卤汁，放凉备用。②鸡蛋洗净，入锅加水盖过鸡蛋，放 1 大匙盐，煮开后加盖焖煮 3 分钟，熄火后再焖 10 分钟，取出泡在冷水中，5 分钟后剥去蛋壳。③将鸡蛋放入卤汁浸泡，放入冰箱 2 天以上，让蛋入味即可。建议每日每餐 1 ～ 2 个。

热量：686kcal
蛋白质：57g
脂肪：49g
碳水化合物：6g

溏心蛋

关于食物的搭配有很多讲究，如什么和什么一起吃不好，什么和什么一起吃特别好。这个需要孕妈妈们细心检查。

不宜一起搭配的食物组合

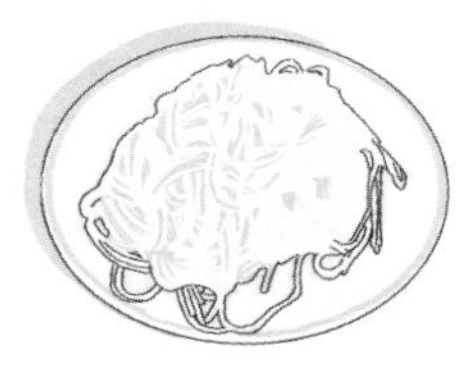

1 冷荞麦面 + 茄子制成的酱菜

这些食物都是凉性的。这些凉性食物如果一起吃会引起腹泻等不适。建议和温热的食物一起吃。

2 萝卜 + 胡萝卜／西红柿 + 黄瓜

胡萝卜和黄瓜含有的酵素会破坏萝卜和西红柿的维生素 C。但是，这种酵素不耐热也不耐酸，所以如果加热烹饪或用醋为调料，可以抑制其作用。

3 毛豆或糙米（植酸）或菠菜（草酸）+ 含钙多的食物

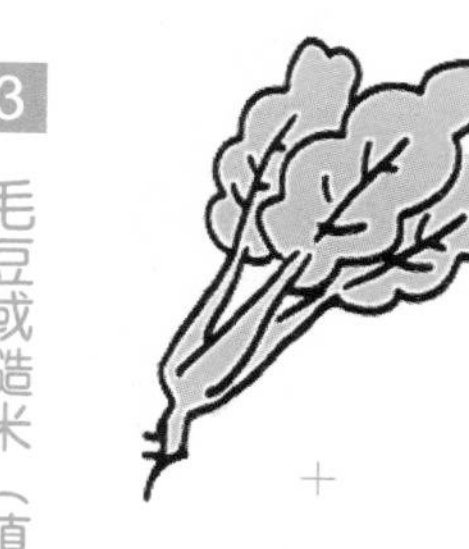

植酸和草酸阻碍钙的吸收。但是菠菜焯一下就可以除掉草酸。

适合放在一起吃的食物组合

1 牡蛎＋哈密瓜

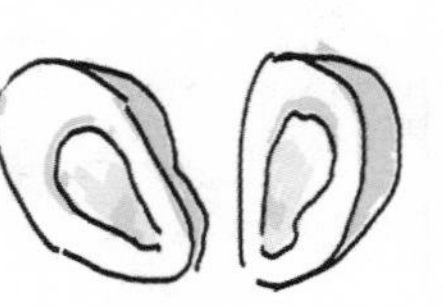

海蛎子肉内含有人体必需的 10 种氨基酸、牛磺酸、糖原、多种维生素和海洋生物特有的活性物质。除此之外，海蛎子中还含有丰富和比例适当的锌、铁、铜、碘、硒等微量元素。哈密瓜里含有钾元素，能帮助牡蛎中的钠元素排出体外。

2 烤鱼＋萝卜

高温烤鱼或烤肉，烤煳的部分含有致癌物质。唾液中的细菌能使萝卜里含有的硝酸盐变成亚硝酸盐，从而使致癌物质得到有效抑制。

3 豆腐＋鱼

二者搭配可取长补短。豆腐的蛋白质缺乏蛋氨酸和赖氨酸，而鱼肉中较为丰富；鱼肉的蛋白质苯丙氨酸含量少，但豆腐中较为丰富。而且鱼肉中的维生素 D 有助于豆腐中钙的吸收。

Tips：西瓜不宜吃过量

西瓜含有矿物质、维生素 B_1、维生素 B_2 和维生素 C，以及具有抗氧化作用的番茄红素，并且利尿效果好，有助于肾功能，对防治膀胱炎和肾功能下降都有一定的效果，对防治妊娠期的水肿也很有效果。但是西瓜性寒，水分多，会稀释胃液，所以孕妈妈不宜食用过量。一次的量以不超过 600g 为宜，相当于带皮的 1/8 个西瓜。

五 适宜孕妈妈食用的健康食物

谷类

杂粮（小米、玉米）

100 g 中的主要营养素

能量	356 kcal
蛋白质	7.2g
碳水化合物	77.7 g
铁	6.1 mg
磷	159 mg
维生素 B_1	0.13 mg
膳食纤维	0.7 g

小米一次吃的量

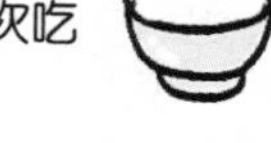

20 g= 中等饭碗的 20%

小米味甘、咸，性凉，入肾、脾、胃经，具有健脾和胃、补益虚损，和中益肾，除热，解毒的功效。小米粥有“代参汤”之美称。

面包

100 g 中的主要营养素

能量	156 kcal
蛋白质	4.15g
碳水化合物	29.3 g
铁	1 mg
维生素 B_1	0.02mg
钙	24.5g

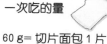

一次吃的量

60 g= 切片面包 1 片

面包是用面包粉（小麦粉）加入酵母、水、盐等进行发酵蒸烤出来的，有切片面包、甜面包等。孕妈妈可以选择全麦面包。

大米（精米和糙米）

100 g 中的主要营养素

能量	337（347）kcal
蛋白质	6.4（7.9）g
碳水化合物	78.1（78.3）g
铁	0.2（1.6）mg
维生素 B_1	0.06（0.09）mg
维生素 E	0（0.54）mg
膳食纤维	2.8（0.8）g

一次吃的量

150 g= 中等饭碗 1 碗

大米性平，味甘。入脾、胃、肺经，具有补中养胃、益精强志、聪耳明目、和五脏、通四脉、止烦、止渴、止泻等作用。

通心粉

100g 中的主要营养素

能量	350kcal
蛋白质	11.9g
碳水化合物	75.8g
磷	97mg
维生素 B_1	0.12mg
膳食纤维	0.4g

一次吃的量

通心粉 85g=1 团

通心粉是选用淀粉质丰富的粮食经粉碎、胶化、加味、挤压、烘干而制成，很有弹性，是西方国家常见的面食，种类繁多。有长的实心的通心粉，也有空心的短管状的通心面等。

肉类

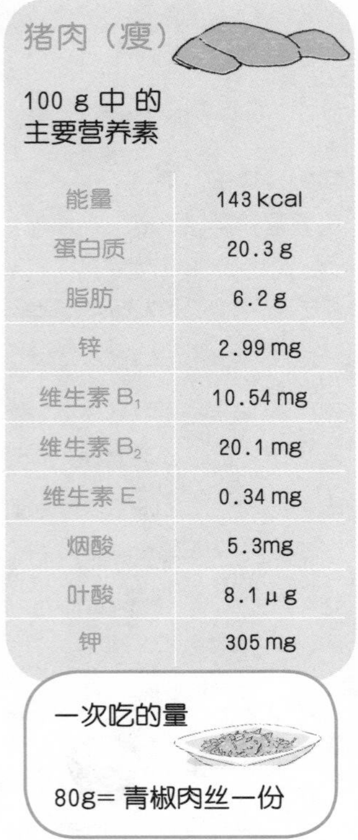

猪肉（瘦）

100 g 中的主要营养素

能量	143 kcal
蛋白质	20.3 g
脂肪	6.2 g
锌	2.99 mg
维生素 B_1	10.54 mg
维生素 B_2	20.1 mg
维生素 E	0.34 mg
烟酸	5.3mg
叶酸	8.1 μg
钾	305 mg

一次吃的量

80g= 青椒肉丝一份

猪肉味甘、咸，性平。入脾、胃、肾经。具有滋阴润燥，益气的功效。一般健康者和患有疾病者均可食用。孕妈妈可放心食用。

羊肉

羊腿

100 g 中所含的主要营养素，以新鲜的羔羊里脊肉为例

能量	103kcal
蛋白质	20.5 g
脂肪	1.6 g
铁	2.8 mg
磷	184 mg
维生素 B_2	0.2 mg
烟酸	5.8 mg
钾	161 mg

一次吃的量

100 g=3 薄片

羊肉性甘、温，无毒，入脾经、肾经，补体虚，祛寒冷，温补气血；益肾气，补形衰，开胃健力；有补益产妇、通乳治带、助元阳、益精血的功效，对一般风寒咳嗽、慢性气管炎、虚寒哮喘、腹部冷痛、体虚怕冷、腰膝酸软、面黄肌瘦、气血两亏、病后或产后身体虚亏等一切虚状均有治疗和补益效果，最适宜于冬季食用。

牛肉

100 g 中所含的主要营养素，以新鲜的里脊肉为例

能量	107kcal
蛋白质	22.2 g
脂肪	0.9 g
锌	6.92 mg
铁	4.4 mg
磷	241 mg
烟酸	7.2 mg
叶酸	4.6 μg
钾	140 mg

一次吃的量

100 g= 西芹炒牛肉一份

牛肉味甘、平，无毒，入脾经、手足阳明经，具有安中益气、养脾胃，补虚壮健、强筋骨，消水肿、除湿气的功效。《滇南本草》记载："水牛肉，能安胎补血。"

鸡肉（腿）

100 g 中所含的主要营养素，以新鲜的带皮小腿肉为例，100g 鸡腿可食部分为 69g。

能量	181 kcal
蛋白质	16 g
脂肪	13 g
锌	1.12mg
维生素 A	44 μg
维生素 B_2	0.14 mg
烟酸	6 mg
钾	242 mg

一次吃的量

80 g= 一只鸡腿

鸡肉味甘、性微温，具有温中补脾，益气养血，补肾益精的功效。鸡的品种很多，乌骨鸡尤其适合孕妈妈。其性平、味甘，具有滋阴清热、补肝益肾、健脾止泻等作用，可提高生理功能、延缓衰老、强筋健骨，对防治骨质疏松、缺铁性贫血症等有明显功效。但注意不要吃老鸡的鸡头和臀尖。

蛋奶类

鸡蛋（红皮） 100 g 中所含的主要营养素

一次吃的量

60 g 左右 = 一个鸡蛋

能量	蛋白质	脂肪	碳水化合物	维生素 A	维生素 B_2	磷	钾	铁
156 kcal	12.8 g	11.1 g	1.3 g	194 μg	0.32 mg	182mg	121mg	2.3 mg

鸡蛋味甘、性平、无毒，营养品质极佳，仅次于母乳，含有大量的维生素和矿物质及高生物价值的蛋白质。但鸡蛋蛋黄胆固醇含量高，一个鸡蛋约有 250mg 的胆固醇，所以不宜吃得太多。

牛奶

100 g 中所含的主要营养素，以新鲜纯牛奶为例（三元牌）

能量	69 kcal
蛋白质	3.4 g
脂肪	3.9 g
碳水化合物	5.1g
钙	88 mg
维生素 A	30 μg
维生素 B_2	0.1 mg
维生素 B_1	0.02 mg
维生素 E	0.13mg

牛奶味甘、性平，入心、肺经，具有补虚损、益肺胃、生津润肠的功效。光喝牛奶补钙可能不够，必要时需在医生指导下服钙片。

酸奶

100 g 中所含的主要营养素，以纯酸奶为例

能量	72 kcal
蛋白质	2.5 g
脂肪	2.7 g
碳水化合物	9.3 g
钙	118 mg
维生素 A	26 μg
维生素 B_2	0.15 mg

一次吃的量

100 g 左右
= 一个小的零售酸奶

酸奶是以新鲜的牛奶为原料，经过巴氏杀菌后再向牛奶中添加有益菌（发酵剂），经发酵后，再冷却灌装的一种牛奶制品。其乳酸菌可以调节肠道菌群，建议孕妈妈适当喝点。

奶酪

100 g 中所含的主要营养素（骑士牌）

能量	386 kcal
蛋白质	23 g
脂肪	25.4 g
钙	796 mg
维生素 A	0 μg
维生素 B_2	0.3 mg

一次吃的量

25 g= 一片加工奶酪

奶酪是将牛奶经过发酵处理制成的，和酸奶一样含有可以保健的乳酸菌，但浓度比酸奶更高，营养价值也更丰富。每制作 1 kg 奶酪需要 10 L 牛奶，可以说它就是浓缩的牛奶。但是奶酪中油脂成分较高，不宜过量食用。

鱼虾类

鲑鱼

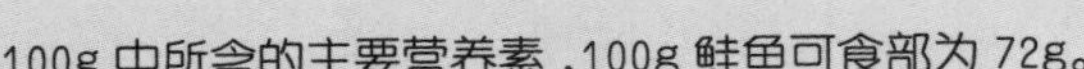

100g 中所含的主要营养素，100g 鲑鱼可食部为 72g。

能量	蛋白质	脂肪	维生素 B_1	维生素 B_2	铁	维生素 A	烟酸	维生素 E
139 kcal	17.2g	7.8g	0.07 mg	0.18 mg	0.3 mg	45μg	4.4 mg	0.78 mg

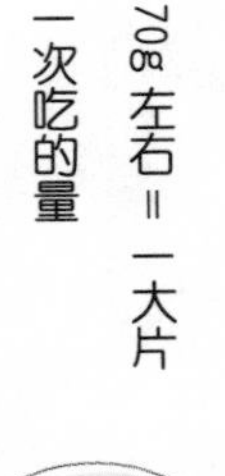

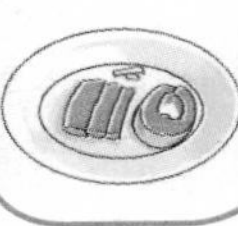

鲑鱼肉有补虚劳、健脾胃、暖胃和中的功效，可医治疗消瘦、水肿、消化不良等症。并且，鲑鱼含有丰富的维生素 D，能有效促进钙的吸收。但是鲑鱼与柿子同食容易引起中毒，甚至会致人死亡。

虾

100 g 中所含的主要营养素，以对虾为例，100g 虾可食部为 61g。

大虾

能量	93 kcal	维生素 B_1	0.01 mg
蛋白质	18.6 g	维生素 B_2	0.07 mg
钙	62 mg	维生素 E	0.62 mg
磷	228 mg	烟酸	1.7 mg

一次吃的量

80 g 左右 = 中等大小 2 只

淡水虾性温味甘、微温，入肝、肾经，虾肉有补肾壮阳，通乳抗毒、养血固精、化瘀解毒、益气滋阳、通络止痛、开胃化痰等功效。虾的种类很多，包括青虾、河虾、草虾、对虾、明虾、基围虾、琵琶虾、龙虾等，只要不对虾过敏，可以根据自己的口味爱好来选择。

牡蛎（海蛎子）

100 g 中所含的主要营养素

能量	73 kcal
钙	131 mg
镁	65 mg
铁	7.1 mg
锌	9.39 mg
铜	8.13 mg
维生素 B_2	0.13 mg
维生素 B_1	0.01 mg

一次吃的量

约 60 g =1 个去壳肉

牡蛎性咸、微寒，归肝、胆、肾经，具有养心安神、滋阴益血、平肝潜阳、收敛固涩的功效，非常适合女性怀孕期食用。我们吃牡蛎最好放些柠檬，因为维生素 C 有助于铁的吸收，防止牛磺酸受损。

蔬菜类

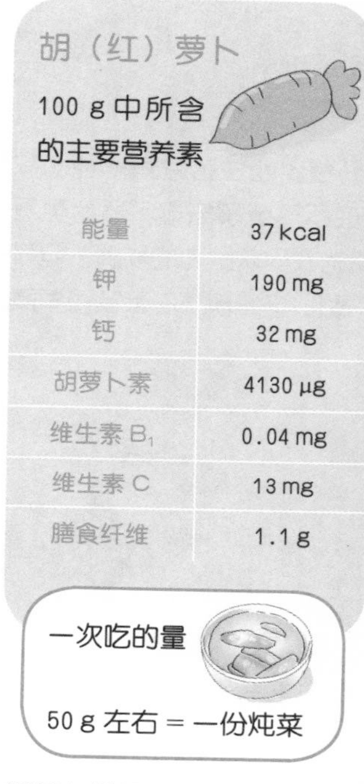

胡（红）萝卜

100 g 中所含的主要营养素

能量	37 kcal
钾	190 mg
钙	32 mg
胡萝卜素	4130 μg
维生素 B_1	0.04 mg
维生素 C	13 mg
膳食纤维	1.1 g

一次吃的量

50 g 左右 = 一份炖菜

胡萝卜性平、味甘，具有益肝明目、利膈宽肠、健脾除疳、增强免疫功能、降糖降脂的功效。女性在孕期和产后都可以多吃胡萝卜，增加胡萝卜素摄入量，提高自身免疫力。但欲怀孕的女性不宜多吃胡萝卜。

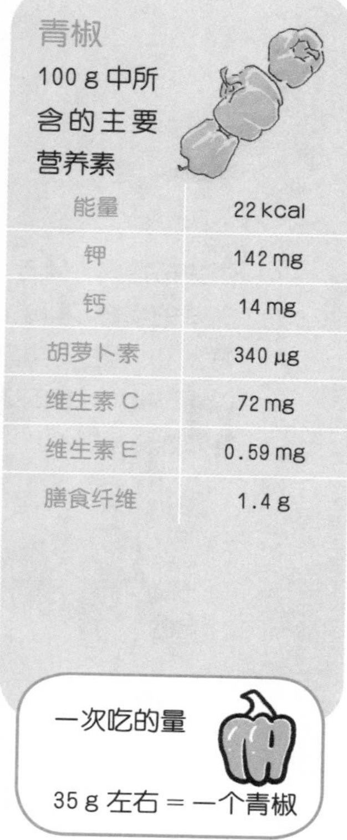

青椒

100 g 中所含的主要营养素

能量	22 kcal
钾	142 mg
钙	14 mg
胡萝卜素	340 μg
维生素 C	72 mg
维生素 E	0.59 mg
膳食纤维	1.4 g

一次吃的量

35 g 左右 = 一个青椒

中医认为辣椒性味干热，能祛邪逐寒、明目杀虫，温而不猛。但辛辣食物容易使孕妈妈出现便秘，孕妈妈应选择不太辣的青椒，可以增加食欲。哺乳的妈妈也不能吃太多辣椒。

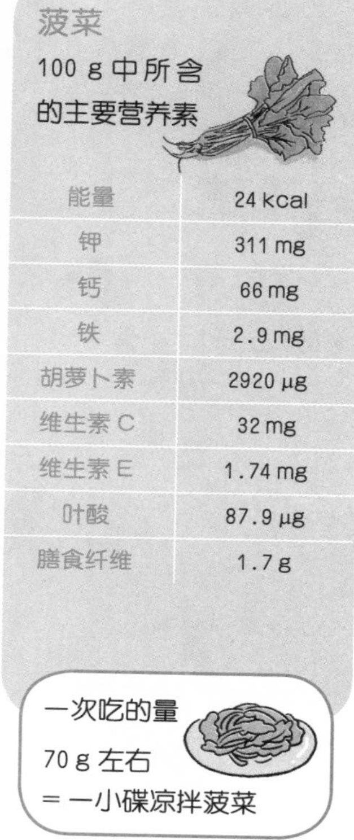

菠菜

100 g 中所含的主要营养素

能量	24 kcal
钾	311 mg
钙	66 mg
铁	2.9 mg
胡萝卜素	2920 μg
维生素 C	32 mg
维生素 E	1.74 mg
叶酸	87.9 μg
膳食纤维	1.7 g

一次吃的量

70 g 左右

= 一小碟凉拌菠菜

菠菜性凉、味甘辛，无毒，入肠、胃经。有补血止血，利五脏，通血脉，止渴润肠，滋阴平肝，助消化的功效。虽然菠菜含有丰富的叶酸等营养物质，但是菠菜中也含有大量草酸，草酸能严重影响钙和锌的吸收，所以吃之前应先用水焯一下。

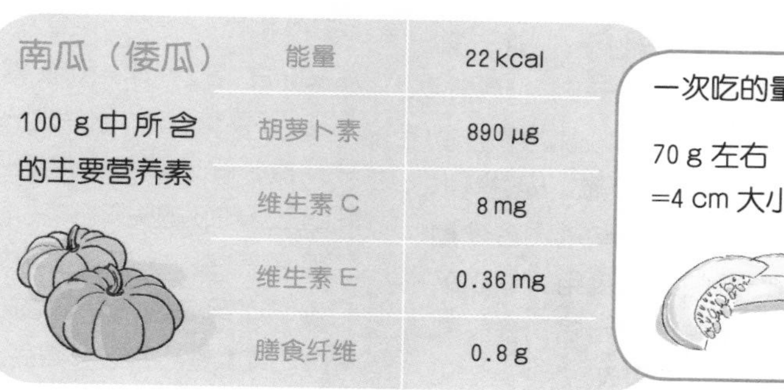

南瓜（倭瓜）

100 g 中所含的主要营养素

能量	22 kcal
胡萝卜素	890 μg
维生素 C	8 mg
维生素 E	0.36 mg
膳食纤维	0.8 g

一次吃的量

70 g 左右

=4 cm 大小两块

南瓜性温，味甘无毒，入脾、胃二经，有亮发、健脑、明目、温肺、益肝、健脾、和胃、润肠、养颜护肤、降糖消渴等功效，适合女性在孕期和产后食用。

西兰花

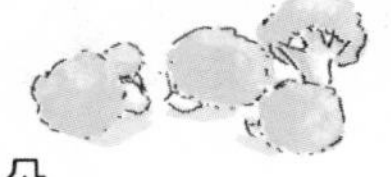

西兰花	能量	钾	钙	胡萝卜素	维生素 B_1	维生素 B_2	维生素 C	维生素 E	膳食纤维
100 g 中所含的主要营养素	33 kcal	17 mg	67 mg	7210 μg	0.09 mg	0.13 mg	51 mg	0.91 mg	1.6 g

一次吃的量

80 g 左右 =4 小朵

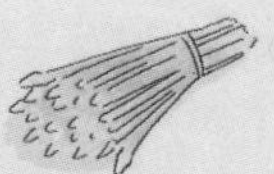

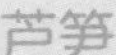

西兰花性凉、微苦，归肝经。西兰花含有一种叫做 SGS 的物质，可以稳定血压、缓解焦虑，适合孕妈妈食用。西兰花中含少量的致甲状腺肿的物质，但可以通过食用足量的碘来中和，这些碘可由碘盐和海藻等海味食物提供。

芦笋

100 g 中所含的主要营养素

能量	13 kcal
钾	304 mg
钙	9 mg
胡萝卜素	20 μg
维生素 B_1	0.07 mg
维生素 E	0.11 mg

一次吃的量

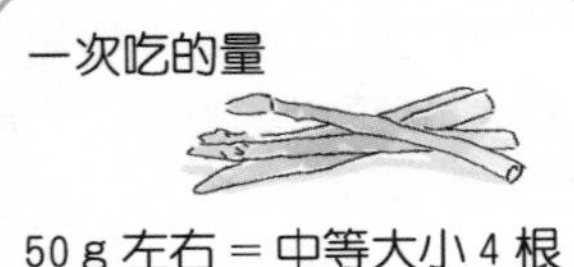

50 g 左右 = 中等大小 4 根

芦笋性寒、味甘、无毒，有清热、通便的功效，夏季食用，能消暑解渴。芦笋中还含有一种称为天门冬素的氨基酸，可以提高肾脏细胞的活性。不过，因为芦笋含有少量嘌呤，痛风病人不宜多食。

卷心菜（绿）

100 g 中所含的主要营养素

能量	12 kcal
钾	46 mg
钙	28 mg
维生素 C	16 mg
膳食纤维	23 g

一次吃的量

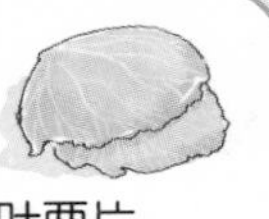

50 g 左右
= 中等大小菜叶两片

卷心菜性味甘平，归肝、胃、肾经，有温中开胃、行气活血、补肾助阳的功效。多吃卷心菜，可增进食欲，促进消化、预防便秘，非常适合孕期、产期的女性食用。卷心菜不宜和黄瓜一起吃，会影响维生素 C 的吸收。

芹菜

100 g 中所含的主要营养素

能量	20 kcal
钾	206 mg
胡萝卜素	340 μg
维生素 B_1	0.02 mg
维生素 B_2	0.06 mg
维生素 C	8 mg
膳食纤维	1.2 mg

一次吃的量

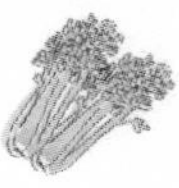

50 g 左右 = 小香芹 2 棵

芹菜味甘、苦，性凉。入肺、胃、肝经。芹菜有旱芹、水芹之分。旱芹擅长平肝清热，常用于肝阳上亢所致的头重脚轻、面红目赤等症；水芹偏于清热利湿，可用于湿热所致的小便淋痛或女性白带过多等症。

西红柿

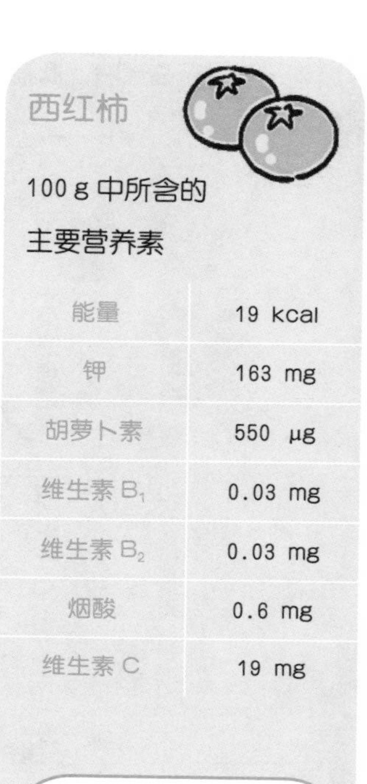

100 g 中所含的主要营养素

能量	19 kcal
钾	163 mg
胡萝卜素	550 μg
维生素 B_1	0.03 mg
维生素 B_2	0.03 mg
烟酸	0.6 mg
维生素 C	19 mg

西红柿味甘、酸，性微寒，入肝、脾、胃经，能生津止渴。

黄瓜

100 g 中所含的主要营养素

能量	15 kcal
钾	102 mg
胡萝卜素	90 μg
维生素 C	9 mg

一次吃的量

50 g 左右 = 小黄瓜 1 根

黄瓜性凉、味淡、呈酸性，入肺、胃、大肠经，具有清热利水、生津止渴，治咽痛、口疮，通二便、抗衰老的功效。但有肝病、心血管病、肠胃病以及高血压的人，不要吃腌黄瓜。

洋葱

100 g 中所含的主要营养素

能量	39 cal
钾	147 mg
维生素 B_1	0.03 mg
维生素 C	8 mg

一次吃的量

50 g 左右 =1/4个

洋葱味甘、微辛、性温，入肝、脾、胃、肺经，具有润肠、理气和胃、健脾进食、发散风寒、温中通阳、消食化肉、提神健体、散瘀解毒的功效。洋葱维生素高，对婴幼儿身体发育有好处，但一次不宜食用过多，容易引起目糊和发热。

大葱

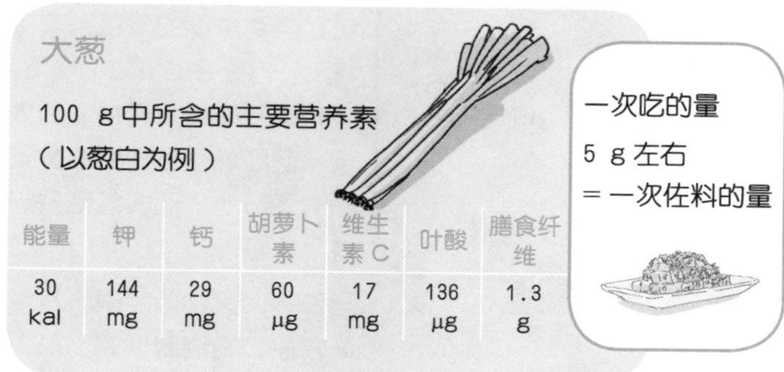

100 g 中所含的主要营养素（以葱白为例）

能量	钾	钙	胡萝卜素	维生素 C	叶酸	膳食纤维
30 kal	144 mg	29 mg	60 μg	17 mg	136 μg	1.3 g

一次吃的量

5 g 左右

= 一次佐料的量

大葱味辛，性微温，具有发表通阳、解毒调味的作用。有比较强烈的辛辣芳香的气味，在加热时能够去除原料的腥膻气和其他异味，同时可以增添菜肴的香气。对孕产妇来说，有开胃和促进消化的作用，但应尽量吃煮熟的。

姜（干）

100g 中所含的主要营养素

能量	钾	维生素 B_2
273 kal	41 mg	0.1 mg

一次吃的量

15 g 左右

=3 片

生姜味辛、性微温，入脾、胃、肺经，有发汗解表，温中止呕，温肺止咳，解毒功效。孕早期吃点姜可缓解孕吐。但孕妇不要一次吃太多。月子也可以姜醋佐膳。

菌类

香菇味甘性平，入胃经。能益胃气，可用于胃气虚弱，疲乏无力。其高蛋白、低脂肪，孕妈妈可以放心食用。但香菇嘌呤物质较多，痛风病人慎食。

香菇

100 g 中所含的主要营养素（生鲜）	能量	碳水化合物	钾	维生素 B_2	膳食纤维
	19 kal	5.2 g	20 mg	0.08 mg	3.3 g

30g 左右 =3 朵生香菇
一次吃的量

金针菇

100 g 中所含的主要营养素	能量	碳水化合物	钾	维生素 B_1	维生素 B_2	膳食纤维
	26 kal	6 g	195 mg	0.15 mg	0.19 mg	2.7 g

50 g 左右 = 1 小束
一次吃的量

金针菇性平、味甘滑，入肝、胃经，具有补肝、益肠胃、抗癌、益智的功效。其能有效增强机体生物活性，对胎儿生长发育也大有益处，有“增智菇”、“一休菇”美称。但没熟透的金针菇含有秋水仙碱。

薯类

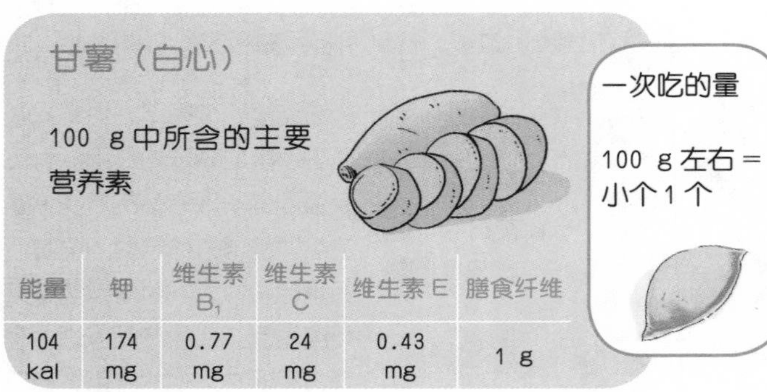

甘薯（白心）

100 g 中所含的主要营养素

能量	钾	维生素 B_1	维生素 C	维生素 E	膳食纤维
104 kal	174 mg	0.77 mg	24 mg	0.43 mg	1 g

一次吃的量

100 g 左右 = 小个 1 个

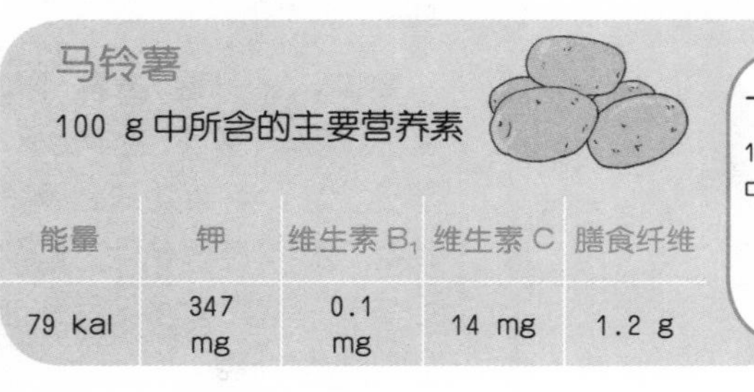

马铃薯

100 g 中所含的主要营养素

能量	钾	维生素 B_1	维生素 C	膳食纤维
79 kal	347 mg	0.1 mg	14 mg	1.2 g

一次吃的量

100 g 左右 = 中等大小 1 个

红薯味甘、性平，具有补脾益气、宽肠通便、生津止渴（生用）的功效。特别是紫薯，含有丰富的紫色色素花青素，有很好的抗氧化作用，还有恢复眼疲劳和视力的效果。但红薯吃多了会刺激胃酸大量分泌，使人感到胃灼烧“烧心”。

马铃薯，又称为土豆，其性味甘平，有健脾健胃、益气和中的功效。马铃薯的芽肿含有一种叫做茄碱的有害物质，这种物质进入体内会使人产生晕眩、腹泻等中毒症状，所以不能吃发芽的、变绿的、久放的土豆。

豆类及豆制品

红豆

100 g 中所含的主要营养素

能量	铁	钾	维生素 B_1	膳食纤维
309 kcal	7.4 mg	860 mg	0.16 mg	7.7 g

一次吃的量

15g 红豆 +25g 大米

=1 碗红豆饭

红豆性平、味甘酸、无毒，有滋补强壮、健脾养胃、利水除湿、清热解毒、通乳汁和补血的功能，特别适合作为水肿的食疗。红豆和大米搭配有均衡的氨基酸，孕妈妈可以适度进食。

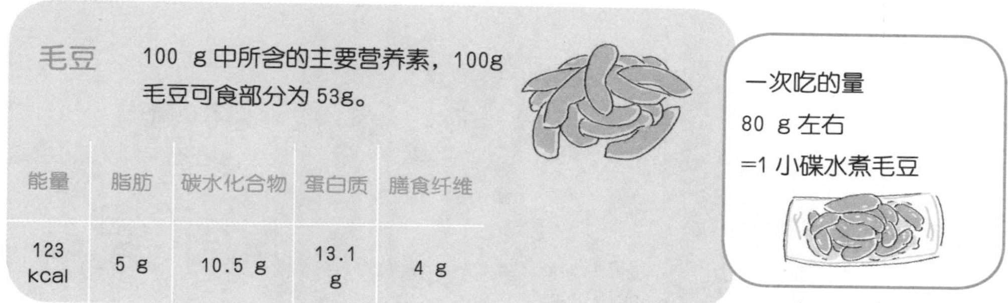

毛豆

100 g 中所含的主要营养素，100g 毛豆可食部分为 53g。

能量	脂肪	碳水化合物	蛋白质	膳食纤维
123 kcal	5 g	10.5 g	13.1 g	4 g

一次吃的量

80 g 左右

=1 小碟水煮毛豆

毛豆味甘、性平，入脾、大肠经，具有健脾宽中，润燥消水、清热解毒、益气的功效，夏季吃点毛豆还能解乏。毛豆是升糖指数低的食材，高血糖孕妈妈尤其值得选用。但是对黄豆过敏的孕妈妈不宜多食。

豆腐

100 g 中所含的主要营养素

能量	蛋白质	钙	镁	膳食纤维
81 kcal	8.1 g	164 mg	27 mg	0.4 g

一次吃的量

100 g 左右 =1/3 块

豆腐性凉、味甘，归脾、胃、大肠经，具有益气宽中、生津润燥、清热解毒、和脾胃的功效。豆腐中的皂角苷会促进人体排碘，造成碘缺乏。吃豆腐的时候搭配很好的补碘佳品海带，营养就不容易流失。

种子类

核桃 100 g 中所含的主要营养素（以鲜核桃仁为例）

能量	蛋白质	类脂质	碳水化合物	维生素C	维生素E	膳食纤维
328 kcal	12.8 g	29.9 g	6.1 g	10 mg	41.1 mg	4.3 g

一次吃的量

10 g 左右 =3 颗干核桃

核桃味甘微苦、性平温、无毒，入肾、肺、大肠经，具有补肾、固精强腰、温肺定喘、润肠通便的功效。核桃中所含的微量元素锌和锰是脑垂体的重要成分，常食有健脑益智的作用。孕早期是胎儿大脑发育的关键期，孕妈妈更应经常食用。

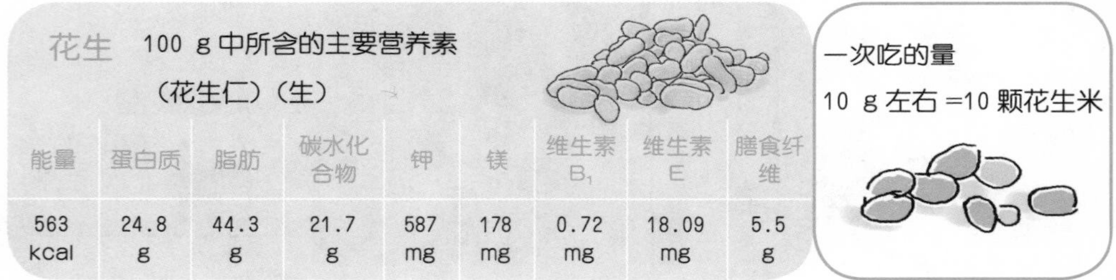

花生 100 g 中所含的主要营养素（花生仁）（生）

能量	蛋白质	脂肪	碳水化合物	钾	镁	维生素B_1	维生素E	膳食纤维
563 kcal	24.8 g	44.3 g	21.7 g	587 mg	178 mg	0.72 mg	18.09 mg	5.5 g

一次吃的量

10 g 左右 =10 颗花生米

花生味甘、性平，入脾、肺经，具有健脾和胃、利肾去水、理气通乳、补血益气的功效，自古享有“长生果”的美誉。炒花生、油炸花生，性质热燥，不宜多食；而以炖食为上，不温不火、口感潮润、入口好烂、易于消化。

芝麻（黑） 100 g 中所含的主要营养素

能量	蛋白质	脂肪	钾	钙	镁	铁	维生素B_1	维生素E	膳食纤维
531 kcal	19.1 g	46.1 g	358 mg	780 mg	290 mg	29.7 mg	0.66 mg	50.4 mg	14 g

一次吃的量

2 g 左右 = 小汤匙 1 勺

芝麻性味甘、平，入肝、肾二经，能够养发、生津、通乳、润肠，适用于身体虚弱、头发早白、贫血萎黄、津液不足、大便燥结、头晕耳鸣等症，是女性在孕期和产期的滋补佳品。芝麻外皮较硬难消化，最好炒一下磨成粉食用。

水果类

苹果　100 g 中所含的主要营养素

能量	碳水化合物	钾	磷	维生素 B_1	维生素 C	膳食纤维
52 kal	13.5 g	119 mg	12 mg	0.06 mg	4 mg	1.2 g

一次吃的量

150 g 左右 = 约 1/2 个

苹果味甘酸、性平，归脾、肺经，具有生津止渴、润肺除烦、健脾益胃、养心益气、润肠、止泻、解暑、醒酒的功效。但是妊娠糖尿病患者慎食。

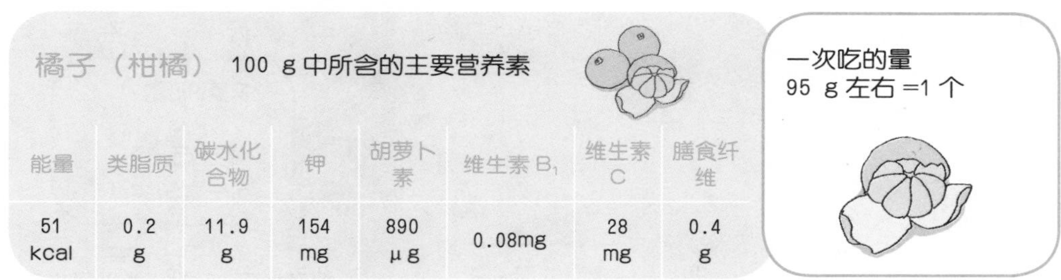

橘子（柑橘）　100 g 中所含的主要营养素

能量	类脂质	碳水化合物	钾	胡萝卜素	维生素 B_1	维生素 C	膳食纤维
51 kcal	0.2 g	11.9 g	154 mg	890 μg	0.08mg	28 mg	0.4 g

一次吃的量

95 g 左右 =1 个

橘子味苦辛、性平无毒，具有生津止渴，和胃润肺的功效。橘子含有丰富的柠檬酸，具有消除疲劳的作用，还可预防便秘，促进通便，并可降低胆固醇，非常适合孕妈妈吃。但吃橘子前后 1 小时不要喝牛奶，牛奶中的蛋白质遇到果酸会凝固，影响消化吸收。

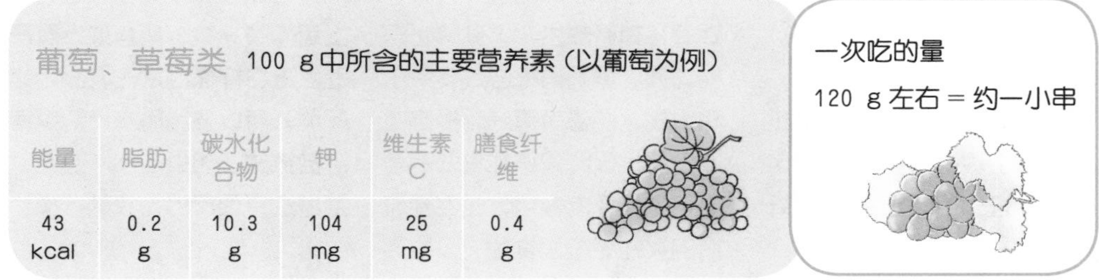

葡萄、草莓类　100 g 中所含的主要营养素（以葡萄为例）

能量	脂肪	碳水化合物	钾	维生素 C	膳食纤维
43 kcal	0.2 g	10.3 g	104 mg	25 mg	0.4 g

一次吃的量

120 g 左右 = 约一小串

葡萄性平、味甘酸，入肺、脾、肾经。具有利尿消肿，通便，补血益气，抗衰老抗辐射，预防心脑血管病的作用。注意，脾胃虚寒者不宜多食，多食则令人泄泻。

草莓性凉味甘，入脾、胃、肺经，有润肺生津、健脾和胃、利尿消肿、解热祛暑的功效。孕期食用，可以促进胃肠蠕动、帮助消化、改善便秘、预防痔疮，孕早期还可以改善孕吐。

蓝莓含有大量有利于视网膜的花青素，对防治疲劳、视力下降和胃溃疡有效。在欧洲被长期用作保健食品。

香蕉

100 g 中所含的主要营养素

能量	91 kcal
脂肪	0.2 g
碳水化合物	22 g
钾	256 mg
胡萝卜素	60 μg
维生素 B_1	0.02 mg
维生素 B_2	0.04 mg
维生素 C	8 mg
膳食纤维	1.2 g

一次吃的量

150 g 左右 =1 根

香蕉性寒味甘、微涩、无毒，有清热止渴、清胃凉血、润肠通便、降压利尿等作用。常食香蕉不仅有益于大脑，预防神经疲劳，还有润肺止咳、防止便秘的作用。但孕妈妈不宜多吃，避免患上妊娠期糖尿病。

猕猴桃

100 g 中所含的主要营养素

能量	56 kcal
类脂质	0.6 g
碳水化合物	14.5 g
钾	144 mg
钙	27 mg
铁	1.2 mg
胡萝卜素	130 mg
维生素 A	22 mg
维生素 E	2.43 mg
维生素 C	62 mg
膳食纤维	2.6 g

一次吃的量

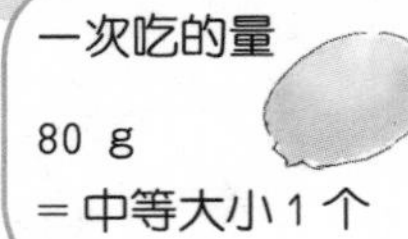

80 g
= 中等大小 1 个

猕猴桃性寒、味甘酸，入脾、胃经，有清热生津，健脾止泻的功效。孕妈妈每日进食一个猕猴桃，能稳定情绪，提高睡眠质量。但脾胃功能较弱的孕妈妈不要经常食用，先兆性流产的女性更应忌食。

柠檬

100 g 中所含的主要营养素

能量	35 kcal
脂肪	1.2 g
碳水化合物	6.2 g
钾	209 mg
钙	101 mg
维生素 E	1.14 mg
维生素 C	22 mg

一次吃的量

15 g 左右
= 约一大勺果汁

柠檬性平、味酸，能化痰止咳，生津健胃。医书记载“柠檬，宜母子，味极酸，孕妇肝虚嗜之，故曰宜母”。孕早期，孕妈妈可以放些柠檬在床边，早上起床嗅一嗅，能有效缓解晨吐。进口柠檬经常在表面用蜡保鲜，所以要用热水浸泡或者用盐擦洗。如果连皮一起吃，最好选择国产的无农药柠檬。

Tips：不要败给“对身体好的食物”

特别需要留心的是“XXX 对身体好，所以要多吃”。很多孕妈妈增重过量都是因为这句话。比如每天睡前喝一杯牛奶，但因为听说“芝麻对孕妈妈好”、“核桃对胎儿好”、“蜂蜜对肠胃好”于是各加一大勺，结果热量变成了牛奶的两倍。这样累加的吃法自然会造成热量过剩，并导致增重过量。

六 盘点孕期要少吃或不吃的食物

孕妇不能吃的食物

甲鱼

秋天适合进补，甲鱼就是不错的滋补水产品。甲鱼滋阴益肾，用来炖汤就最适合了。但是由于甲鱼有较强的通血络、散瘀块的功效，因此具有堕胎的作用。尤其是甲鱼的甲堕胎效果比甲鱼肉还要强。

螃蟹

秋季螃蟹正是肥美的时候。但是孕妇同样不能吃螃蟹。螃蟹性寒凉，有活血祛瘀的功效，对孕妇不利。尤其是螃蟹爪，具有明显的堕胎作用。

薏米

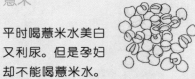

平时喝薏米水美白又利尿。但是孕妇却不能喝薏米水。薏米有滑利的功效。中医认为，薏米对子宫平滑肌有兴奋作用，会令子宫收缩、具有诱发流产的可能性。

桂圆

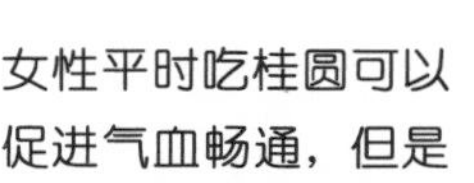

女性平时吃桂圆可以促进气血畅通，但是桂圆性质大热，对于阴虚内热的人不适合食用。特别是怀孕后，女性在怀孕的时候大多是阴血偏虚，阴虚会生内热，表现为大便干结、口干舌燥。因此孕妇食用后，不但不能保胎，反而会出现先兆性流产的症状。

西洋菜

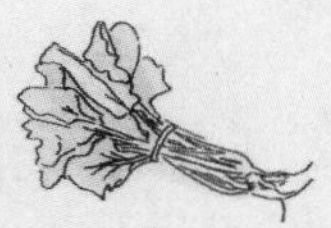

西洋菜又称豆瓣菜，以质地脆嫩、多汁、色泽青绿的嫩茎叶供食用，清香爽口，营养丰富。但西洋菜是寒凉性食物，并且有通经的作用，所以孕期最好少吃或不吃。

少吃生冷食物

生冷食物大多为生食，如生鱼片，没有经过高温加热处理，孕妇容易感染食物里的细菌而产生腹泻、肠胃不适等症状，严重时会间接影响到子宫，导致流产。另外，太冷的饮料如刨冰，可能导致血管痉挛，引起腹痛、腹泻，甚至诱发流产、早产。有人发现，胎儿对冷的刺激也极为敏感，当孕妈妈喝冷饮时，胎儿就会在子宫内躁动不安。所以，对于生冷食物，孕妈妈可以偶尔解馋，但一定要控制量。

少喝茶

孕妇喝茶的原则：孕妇宜喝绿茶，不宜喝红茶，并且应避免喝浓茶，也不能过量。

茶叶中含有 2% ～ 5% 的咖啡因，大量饮用较浓的茶水，尤其是红茶，对人体会有一定的兴奋作用，从而刺激胎动增加，甚至可能影响到胎儿的发育，使其体重减轻。另外，茶叶中鞣酸可与铁元素结合成不能被机体吸收的复合物，妨碍对铁的吸收，容易造成孕妈妈贫血。

当然，茶叶中也含有锌、维生素 C 等有益成分，再加上有些孕妇由于妊娠反应，胃口不佳，喝茶不仅能补充自身及胎儿的所需，还可调节口味，增加食欲。因此，有饮茶习惯的孕妈妈不需要完全戒除它。但切忌，不要在空腹时饮用。一般可在饭后 1 小时喝一杯淡淡的绿茶。

避免孕期食物中毒

大肠杆菌：主要存在于未烹饪的肉类和储存不当温度下的食物中。尽量购买卫生的熟食，并认真检查食物的保质期。

弓形虫：只出现轻度流感样症状及淋巴结肿大，但对胎儿很危险，包括早期及晚期流产和出生的婴儿伴有严重的神经系统问题（如脑积水、大脑钙化及眼睛损伤）。它存在于动物粪便和生的或未熟透的肉中。避免它，孕妈妈需要食用熟透的食物，并在准备完食物后彻底洗手，蔬菜和水果也要清洗干净。

吃海鲜应适度

如今的海鲜，含汞量越来越高。孕妇和哺乳期妇女如果每周吃海鲜 4 次以上，每次 100 克以上，有可能影响胎儿和新生儿的神经系统发育，而且某些症状要到孩子 7 岁甚至是 14 岁以后才出现。

Tips：正确喝水

孕妇最好每隔几小时喝一次水，一天保证 6 ～ 8 次，不要口渴才喝水。怀孕早期每天摄入的水量以 1000 ～ 1500 毫升为宜，孕晚期则最好控制在 1000 毫升以内为宜。

不喝“老化水”。“老化水”指长时间贮存没有换的水。热水瓶中储存超过 48 小时的开水，随着瓶内水温的逐渐下降，水中含氯的有机物会不断地被分解成为有害的亚硝酸盐。长期饮用“老化水”可能诱发食管癌、胃癌，并使未成年人细胞新陈代谢减慢，影响身体发育。

在孕初期，许多人会变得“爱吃”起来，这没多大关系，想吃就吃，在怀孕初期时没必要压抑自己的食欲。当然，最好以清淡、易消化的食物为主。平时随身带一些食物，感觉饿的时候方便拿出来吃。不要一下子吃太多，秉承少食多餐的原则即可。对某些食物出现爱好或厌恶等明显改变，如以前并不喜欢吃酸性食物，现在却非常喜欢。如果情绪变化大或厌恶怀孕，可能会使孕吐反应加重，并使体重减轻或出现其他反应。

Day 1 餐单

营养丰富全面，保证每天配餐中尽量包含主食(米、面或其他杂粮)；有色蔬菜（红、黄、绿色）与水果；鱼、肉、禽、蛋、奶及豆制品；食用油；调味品；坚果类食品等。这样才能均衡膳食，保证营养。

早餐：香蕉粥＋玉米窝头＋鲜橙

加餐：核桃适量

午餐：米饭＋素炒菜花＋山药炖乳鸽

加餐：芒果银耳百合羹

晚餐：鸡丝面＋炝炒芹菜＋番茄煮牛肉

加餐：牛奶

孕妈妈不要因为喜欢吃水果就把水果当蔬菜吃哦。水果和蔬菜都含有丰富的维生素，但水果中的植物纤维远低于蔬菜，而含糖量又比蔬菜多很多。一旦以水果来代替蔬菜就会出现植物纤维摄入不足而糖分摄入过量，可能引发便秘甚至妊娠期糖尿病。

有的孕妈妈喜欢吃酸酸甜甜的食物，吃过后记得要漱口哦，食物残渣会滋生细菌伤害牙齿，尤其是酸甜食物，对牙齿的伤害更大。另外，孕吐时倒流的胃酸也会伤害牙齿，同样需要及时漱口。可以使用温开水、淡盐水或茶水来漱口。孕妈妈可以多吃些粗纤维食物，增加咀嚼时间和咀嚼力度，从而对牙周组织产生好的生理刺激，有利于健齿固齿。

热量：564kcal
蛋白质：12g
脂肪：1.5g
碳水化合物：130g

香蕉粥

香蕉粥

材料：香蕉3个300克，糯米100克。

调料：冰糖15克。

做法：①糯米淘洗干净；香蕉剥去皮，切成小丁备用。②糯米入锅，加适量清水熬煮成粥，米粒熟烂时，加入香蕉丁，再加少许冰糖调味，搅拌均匀即可。

玉米窝头

材料：细玉米面320克，黄豆粉160克。

做法：①细玉米面、黄豆粉放盆中，加温水揉成面团；揉匀后搓成圆条，再揪成面剂。②左手心擦少许凉水，放面剂，用右手指将风干的表皮捏软，再用两手搓成球形，仍放入左手心里。③右手蘸点凉水，用手指在面球中间钻一个小洞，边钻边转动手指，左手拇指及中指同时协同捏拢；将窝头上端捏成尖形，直到窝头捏到0.3厘米厚，且内壁外表均光滑，上屉大火蒸20分钟即成。可制成8～10个玉米窝头。

热量：1760kcal
蛋白质：79g
脂肪：40g
碳水化合物：300g

玉米窝头

热量：178kcal
蛋白质：5g
脂肪：10g
碳水化合物：23g

素炒菜花

素炒菜花

材料：菜花300克。

调料：植物油10克，盐、面粉、高汤、淀粉、葱、姜各适量。

做法：①菜花切小朵洗净，沸水汆烫，捞出控干；葱、姜切末。②炒锅烧热加油，葱姜末炝锅，炸面粉，添高汤，加盐。③下菜花，用大火烧沸，转用小火慢烧至酥烂入味，再用大火勾芡，淋香油出锅。

功效：营养丰富，含有蛋白质、脂肪、磷、铁、胡萝卜素、维生素等，能提高人体免疫功能、健脑壮骨、补脾和胃，菜花含大量的水分，热量低，可产生饱腹感，有很好的减肥功效。

热量：125kcal
蛋白质：2g
脂肪：10g
碳水化合物：8g

炝炒芹菜

材料：芹菜250克。

调料：植物油10克，料酒、花椒、盐各少许。

做法：①芹菜去叶洗净，切成段。②锅中放油烧热后，放入花椒炝锅。③放入芹菜段翻炒至九成熟时，加盐、料酒再翻炒几分钟即可。

炝炒芹菜

热量：420kcal
蛋白质：14g
脂肪：38g
碳水化合物：6g

山药乳鸽

山药炖乳鸽

材料：乳鸽 200 克，山药 50 克，香菇适量。

调料：盐、料酒、葱、姜、清汤各少许。

做法：①鸽肉洗净，入沸水焯至断生，再用水洗净，山药、香菇洗净待用。②炖盅内放鸽肉、山药、香菇、料酒、葱、姜、清汤，移至锅内隔水炖酥，取出，拣去葱、姜，加入盐、调味即好。

功效：富含粗蛋白质和少量无机盐等营养成分，具有强身健体、滋补肝肾、安胎养胎之作用，对于孕产期肾虚体弱、心神不宁者均有功效。

番茄煮牛肉

材料：牛肉块 150 克，番茄 300 克，胡萝卜 100 克。

调料：牛骨汤、鲜酱油、白糖、生粉、水淀粉、盐、植物油各适量。

做法：①胡萝卜洗净切片；番茄洗净，放入滚水略烫后，去皮切碎。②炒锅烧热放适量植物油，放入牛肉块炒至半熟，加番茄末炒片刻后，加入胡萝卜片、鲜酱油、白糖、生粉、盐和牛骨汤，用慢火煮大约 10 分钟，用水淀粉勾芡即可。

番茄煮牛肉

热量：238kcal
蛋白质：34g
脂肪：5g
碳水化合物：22g

热量：650kcal
蛋白质：42g
脂肪：19g
碳水化合物：81g

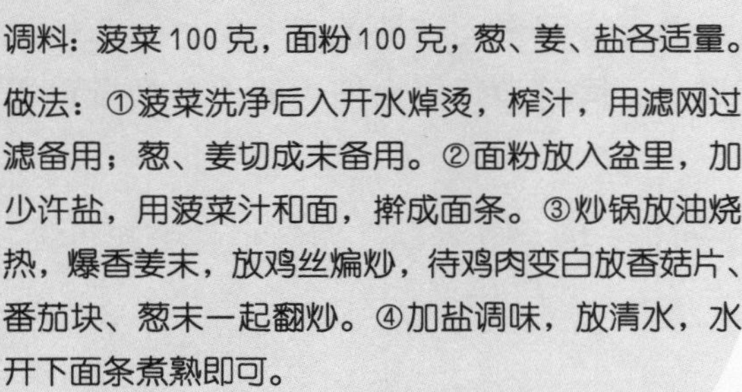
鸡丝面

鸡丝面

材料：鸡脯肉 150 克，香菇、番茄各适量。

调料：菠菜 100 克，面粉 100 克，葱、姜、盐各适量。

做法：①菠菜洗净后入开水焯烫，榨汁，用滤网过滤备用；葱、姜切成末备用。②面粉放入盆里，加少许盐，用菠菜汁和面，擀成面条。③炒锅放油烧热，爆香姜末，放鸡丝煸炒，待鸡肉变白放香菇片、番茄块、葱末一起翻炒。④加盐调味，放清水，水开下面条煮熟即可。

热量：215kcal
蛋白质：3g
脂肪：0.5g
碳水化合物：58g

芒果银耳百合羹

芒果银耳百合羹

材料：芒果 80 克，银耳 15 克，鲜百合 25 克，红枣 25 克，藕粉 10 克。

调料：冰糖 10 克。

做法：①芒果去皮核，切丁；银耳泡发后剪根；鲜百合洗净，掰成散片；红枣洗净。②锅里加水，放红枣、银耳，小火煮至黏稠；再加入鲜百合与冰糖，最后放芒果丁。③把藕粉用凉开水稀释，倒入锅内搅拌到汤汁再次变黏稠即可。

Day 2 餐单

多吃富含叶酸的食品，保证胎宝宝神经系统的正常发育，樱桃、桃、李、杏等新鲜水果中都含有丰富的叶酸。也可以遵照医嘱补充叶酸片剂。饮食上要保证热量的充足供给，以供给性生活的消耗，同时为受孕积蓄一部分能量。

早餐：菠菜粥 + 煎饺 + 苹果

加餐：牛奶

午餐：栗子焖饭 + 韭菜炒鸡蛋 + 黄豆猪蹄煲

加餐：三鲜蛋卷

晚餐：虾仁炒饭 + 五色蔬菜汤

加餐：香蕉

孕妈妈应当少吃葱、姜、蒜、辣椒、芥末、咖喱等刺激性的调味品。平常用这些调味品可以促进食欲、促进血液循环，补充人体所需的维生素、微量元素（如锌、硒）等，对人体是有益的。但妊娠期间则情况有别。

中医认为，妊娠期间，母体月经停闭，脏腑经络之血都注于冲任以养胎，处于阴血偏虚、阳气偏盛的状态，容易出现“胎火”。而这些调味料都性属温辛，会加重孕妈妈由血热阳盛所导致的“胎火”，使孕妈妈口干舌燥、心情烦躁，严重的甚至会出现口角生疮的症状。

孕期不少孕妈妈会感觉特别口渴，喝水特别多，这是正常现象。因为怀孕后新陈代谢更活跃，导致孕妈妈出汗增多；同时孕妈妈血液中的水分含量也增多了。

当然，我们并不能据此排除疾病的可能，因为妊娠期高血糖也会引起口渴。

韭菜炒鸡蛋

材料：鸡蛋 2 个，韭菜 150 克。

调料：植物油 10 克，盐、葱丝、姜丝各适量。

做法：①韭菜择洗干净，切成段；鸡蛋磕入碗中打散。②炒锅放适量植物油烧热，倒入蛋液，炒至颜色呈金黄色时，盛出待用。③原锅再倒入适量植物油烧热，放入葱丝、姜丝爆香，倒入鸡蛋块与韭菜段，快速翻炒几下，加盐调味，盛盘即可。

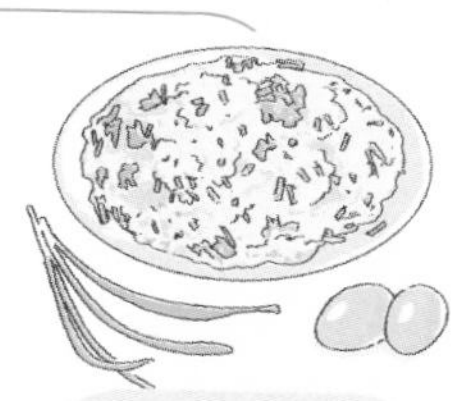

热量：363kcal
蛋白质：15g
脂肪：20g
碳水化合物：8g

煎饺

材料：面粉 500 克，猪肉末 400 克，鸡蛋 1 只。

调料：植物油、盐、葱花、白糖、料酒、葱姜汁各适量。

做法：①面粉加温开水和成面团，揉匀后搓条，切剂子，擀皮；肉末放盘内，加盐、葱花、白糖、料酒、葱姜汁和鸡蛋搅匀成馅。②馅包入皮子内捏拢成形。③平底锅倒油烧热，整齐码放饺子，加水至饺子半身位置，加盖中火煮至水干，再加少许水用中火焖干至饺子底部发脆即可。高热量、高碳水化合物食物，适宜 3 人餐。

热量：2580kcal
蛋白质：148g
脂肪：53g
碳水化合物：380g

热量：188kcal
蛋白质：6g
脂肪：0.5g
碳水化合物：42g

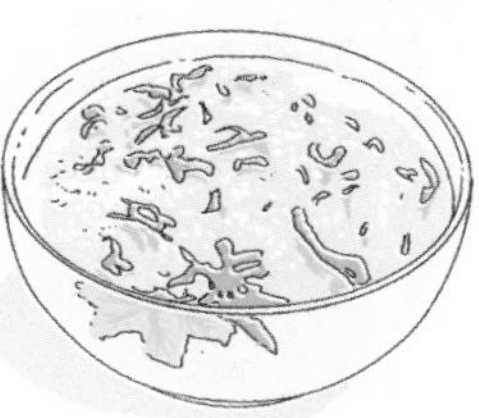

菠菜粥

材料：菠菜 100 克，大米 50 克。

调料：盐少许。

做法：①白米洗净加水大火煮开。②改小火熬粥。③菠菜洗净，切小段放入粥内同煮。④米烂时加盐调味即可。

热量：857kcal
蛋白质：74g
脂肪：50g
碳水化合物：38g

黄豆猪蹄煲

材料：猪蹄 300 克，黄豆 100 克。

调料：生姜、葱各 10 克，盐、白糖和枸杞各少许。

做法：①猪蹄刮毛洗净切块，黄豆泡透，生姜切片，葱切末。②砂锅放水，加姜片、猪蹄块、黄豆、枸杞，大火煲开，再改用小火煲 30 分钟，然后加入盐、白糖调味。③撒上葱末即可。高热量食物，适宜 2 人餐。

五色蔬菜汤

材料：西红柿 1 个 100 克，白萝卜 1 根 150 克，白萝卜叶少许，干香菇 1 朵。

调料：生抽、白胡椒粉、盐、香油各少许。

做法：①食材都洗净切大块，放入不锈钢锅，加等于菜量 3 倍的水，用大火烧开，再改用微火炖 1 小时。②加入生抽、白胡椒粉、盐调味，炖至入味即可。③起锅后淋少许香油即可。

热量：54kcal
蛋白质：2g
脂肪：3g
碳水化合物：9g

栗子焖饭

材料：大米 200 克，栗子 50 克。

调料：水适量。

做法：①大米放在水中浸泡 1 小时，栗子剥皮洗净。②把栗子放入锅中与大米一起蒸熟，电饭锅跳闸后继续焖 10 分钟，开锅即可。每人每餐半份配蔬菜 1 份。

热量：766kcal
蛋白质：17g
脂肪：2g
碳水化合物：173g

三鲜蛋卷

热量：490kcal
蛋白质：31g
脂肪：37g
碳水化合物：13g

材料：韭黄 200 克，熟肉丝、胡萝卜各 50 克，鸡蛋 3 个。

调料：植物油 10 克，盐、香油、淀粉各少许。

做法：①韭黄择洗干净，切段；胡萝卜去皮洗净，切丝；鸡蛋打散，加盐、淀粉搅匀。②锅中倒水烧开，分别放韭黄段、胡萝卜丝，焯熟捞出控水。③炒锅放油烧热，把鸡蛋液倒入煎成蛋皮。④蛋皮摊开，放盐、香油和熟肉丝、韭黄段、胡萝卜丝，包起来，切段，摆盘。

虾仁炒饭

热量：432kcal
蛋白质：16g
脂肪：16g
碳水化合物：56g

材料：米饭 200 克，洋葱 50 克，虾仁 100 克。

调料：植物油 15 克，盐、胡椒粉各少许。

做法：①虾仁洗净，洋葱洗净切丁。②炒锅加油烧热，下洋葱丁煸出香味，下虾仁炒熟后，再放米饭一起翻炒，最后加盐、胡椒粉，翻炒入味即可。

Day 3 餐单

孕妈妈要做好弓形虫的预防工作，在饮食方面：肉类要完全煮熟再吃；蒸、煮肉时，内部温度至少达到 56℃才能抑制弓形虫；摸或者切完生肉后，彻底洗净双手；生熟食分开切；蔬菜和水果彻底清洗干净；牛奶和其他奶制品消毒后再食用。

早餐：三鲜蒸饺＋豆浆＋鸡蛋＋鲜橙

加餐：花生适量

午餐：米饭＋菠菜粉丝＋清蒸带鱼＋牡蛎紫菜汤

加餐：草莓苹果奶

晚餐：炸酱面＋蒸鸡腿＋翡翠黄瓜

加餐：牛奶

有的孕妈妈习惯不吃早饭，这可不利于健康哦。为了纠正不想吃早饭的坏习惯，孕妈妈可以这样做：

早点起床做运动。早饭前散散步、做做孕期瑜伽，或者做些家务，都能够加速消耗前一天晚饭剩余的热量，从而使自己产生饥饿感。起床一杯温开水，这样可以激活胃动力，促进食欲。

晚餐不暴饮暴食。职场孕妈妈由于条件限制，午餐比较简单，于是晚餐就大吃特吃，这也是不利于健康的。晚饭后不久就要睡觉，睡眠中肠胃活动减弱，并不需要多少热量和营养物质；吃得太多反而影响第二天早晨的食欲。

Tips：怀孕期间要避免挑食

科学证明，孩子的味蕾在妈妈怀孕的最后三个月就已经发育成熟了，等到出生时，孩子的感觉系统就很完善了，已经会对甜、酸和苦味产生较强烈的反应。有研究认为，妈妈怀孕期间摄取的食物会对宝宝以后的食物好恶及饮食习惯有一定的影响。看来为了自己宝宝有个积极、有益的味觉环境，养成健康的饮食习惯，妈妈的胎教中还得加上“饮食”这一节呢！为了自己的宝宝营养丰富，身体棒棒，准妈妈们怀孕期间要避免挑食啊！

牡蛎紫菜汤

热量：68kcal
蛋白质：7g
脂肪：1.2g
碳水化合物：11g

材料：牡蛎 50 克，紫菜少许。

调料：盐、葱段各适量。

做法：①牡蛎洗好，入沸水锅汆熟捞出控水，汆牡蛎的水留下备用。②锅内加适量汆牡蛎的水烧开，放牡蛎、紫菜，再开锅后，加盐调味，撒上葱段即可。

菠菜粉丝

热量：490kcal
蛋白质：8g
脂肪：11g
碳水化合物：96g

材料：菠菜 300 克、粉丝 100 克。

调料：蒜末、盐、油各少许。

做法：①菠菜洗净切段；粉丝用温水泡软，切段。②菠菜段、粉丝段入沸水焯一下，捞出沥水，装盘。③锅内放少许油，烧至六、七成热，放蒜末、盐煸出味，浇在盘上，吃时拌匀。

三鲜蒸饺

热量：2680kcal
蛋白质：198g
脂肪：36g
碳水化合物：397g

材料：面粉 500 克，猪肉 400 克，海米、水发海参、木耳、水发干贝各 50 克，葱末 200 克。

调料：酱油、香油、姜末、盐各少许。

做法：①面粉倒入盆内，加开水搅匀，调成烫面面团，揉好后搓条，下剂子，擀成圆片。②猪肉切小丁，加姜末、酱油、盐搅匀，放入切碎的海米、海参、干贝、木耳拌匀，加香油、葱末成馅。③左手托皮，右手上馅，包入馅心，捏成月牙形饺子，上笼屉，大火沸水蒸 15 ～ 20 分钟。高蛋白低脂肪食物，适宜 3 ～ 4 人餐。

清蒸带鱼

热量：396kcal
蛋白质：62g
脂肪：16g
碳水化合物：1g

材料：带鱼 1 条 500 克，熟香菇片适量。

调料：葱段、姜片、葱丝、姜丝、花椒、八角、盐、香油各适量。

做法：①带鱼刮腹洗净，鱼身两侧斜剞“十”字花刀，再切段，用盐、鸡精稍腌渍，加花椒、八角、葱段和姜片。②入蒸笼置大火蒸 10 分钟取出，拣去花椒、八角、葱段和姜片。

③将鱼汁倒入炒锅烧沸，加盐后淋到鱼上，再撒上葱丝、姜丝、熟香菇片，淋上香油即可。每人每餐半分，适宜 2 人餐。

草莓苹果奶

热量：210kcal
蛋白质：8g
脂肪：8g
碳水化合物：28g

材料：草莓 80 克，苹果 100 克。

调料：牛奶 200 克。

做法：①草莓洗净，去蒂。②苹果洗净，去核去皮，切成块。③草莓、苹果块、牛奶混合在一起放入搅拌机里，拌成果汁即可。

炸酱面

热量：695kcal
蛋白质：42g
脂肪：25g
碳水化合物：77g

材料：面条 250 克，猪肉丁 150 克，黄酱 40 克。

调料：植物油 15 克，白糖 5 克，葱末、黄酒、香油、酱油各适量。

做法：①炒锅加油烧至五成热，放葱末，炸出香味，再放猪肉丁煸炒片刻，加黄酱、黄酒煸炒。②炒至猪肉丁熟，待肉与酱分离时，加白糖、清汤少许，再续炒片刻，淋上香油。③开水锅下面条，面条熟后盛入大汤碗内，加入炸酱即可。

蒸鸡腿

热量：955kcal
蛋白质：83g
脂肪：70g
碳水化合物：0g

材料：鸡腿 750 克。

调料：料酒、生抽、姜末、葱末、盐各适量，白糖、孜然粉、香油各少许。

做法：①鸡腿洗净沥水，并在鸡腿上剖开一刀，方便入味。②用盐、白糖、料酒、生抽、孜然粉、香油、姜末、葱末涂抹在鸡腿上，腌渍 20 分钟以上。③腌好的鸡腿放入高压锅中，上汽后蒸 10 分钟即可。适宜 2 人餐。

翡翠黄瓜

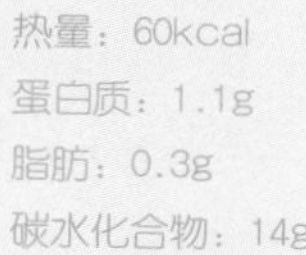

热量：60kcal
蛋白质：1.1g
脂肪：0.3g
碳水化合物：14g

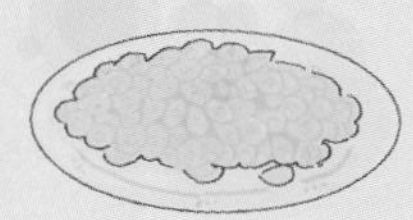

材料：黄瓜 150 克。

调料：蒜末、香油、白醋、酱油、盐各适量。

做法：①黄瓜洗净，切去头尾，顺长切成两半，剖面朝案板，用刀背拍打至黄瓜脆裂，斜刀切成块。②切好的黄瓜块放入碗中，滴入白醋，加入盐拌匀后捞出控水，放在盘中。③蒜末、香油、酱油调成味汁，浇在黄瓜上，拌匀即可。

Day 4餐单

血虚、贫血的孕妈妈，可适当食些红枣、枸杞子、红豆、动物血、肝等食物；易疲劳、感冒的孕妈妈，可适当食用些黄芪、西洋参等；脾胃较虚的孕妈妈，可适当食用淮山药、莲子、白扁豆等以补脾胃。

早餐：鲜虾粉丝＋苹果

加餐：杏仁适量

午餐：米饭＋甜椒蛋煎韭菜花＋鸡汁豆腐＋糯米藕

加餐：红薯粥

晚餐：炒饼＋枸杞山药＋冬瓜鲤鱼汤

加餐：牛奶

育龄期的女性由于生育和月经等因素导致的失血，体内铁储存往往不足，易发生铁缺乏或缺铁性贫血。如果孕妈妈贫血，会导致胎儿肝脏贮存的铁量不足，影响婴儿早期血红蛋白合成而导致贫血外，还会影响含铁（血红素）酶的合成，并因此影响脑内多巴胺 D_2 受体的产生，对胎儿的智力发育产生不可逆性的影响。建议围孕期女性为妊娠储备足够的铁。

孕前期，孕妈妈可以适当多摄入含铁丰富的食物，如动物血、肝脏、瘦肉等动物性食物，以及黑木耳、红枣等植物性食物。缺铁或贫血的育龄妇女可适量摄入铁强化食物或在医生指导下补充小剂量的铁剂（每日 10 ~ 20mg 的铁或 0.3g 的硫酸亚铁）。维生素 C 可以促进铁的吸收和利用，多摄入富含维生素 C 的蔬菜、水果，或在补充铁剂的同时补充维生素 C。等缺铁或贫血得到纠正后，再计划怀孕。

Tips：孕早期不要摄入过多热量

孕早期是细胞分裂，胎儿重要脏器发育的阶段，不需要摄入过多热量。准妈妈正常饮食即可。少食多餐，不强调量，种类尽量多一些。补充叶酸。保证足够的碳水化合物，适当运动。

热量：1600kcal
蛋白质：63g
脂肪：35g
碳水化合物：273g

炒饼

炒饼

材料：烙饼 500 克，鸡蛋 2 个，肉末 50 克，圆白菜、韭菜各适量。

调料：植物油、姜块、料酒、生抽、盐各少许。

做法：①烙饼切细丝，圆白菜切丝，韭菜切小段。②鸡蛋打散，与肉末、料酒、盐搅拌均匀。③炒锅放油，用姜块炝锅，放鸡蛋、肉末略炒，加圆白菜丝翻炒。④烙饼丝铺在上面，放点儿水焖一下，放韭菜，最后放盐、生抽即可。适宜 2 人餐。

鲜虾粉丝

材料：虾 100 克，粉丝 50 克。

调料：油、料酒、老抽、盐各少许，清水适量。

做法：①虾去须，去沙线；粉丝用开水泡软，捞出控水，切成小段。②炒锅加油烧热，放入虾炒至变色，倒入料酒、老抽和清水焖 5 分钟，下入粉丝段炒熟，加盐调味即可。

鲜虾粉丝

热量：298kcal
蛋白质：9g
脂肪：11g
碳水化合物：43g

热量：178kcal
蛋白质：7g
脂肪：0.7g
碳水化合物：40g

枸杞山药

枸杞山药

材料：山药 300 克。

调料：枸杞、柠檬各适量。

做法：①枸杞洗净，放入热水中浸泡 10 分钟；将柠檬榨汁备用。②山药去皮洗净，切条状，放入含柠檬汁的冷水中浸泡 2 ～ 3 分钟。③山药、枸杞捞起沥干水分，盛盘即可。

糯米藕

材料：藕 1000 克，糯米 200 克。

调料：麦芽糖 25 克，冰糖 150 克。

做法：①藕刮去表皮，洗净；糯米浸泡 4 小时后待用。②切去藕的一端约 3 厘米当盖用，将糯米塞入藕孔，再将切下的藕盖上，用牙签固定。③藕入锅，加水没过藕，再加麦芽糖、冰糖，大火烧开，后转小火煮五六个小时，晾凉切片装盘即可。适宜 3 ～ 4 人餐。

糯米藕

热量：1990kcal
蛋白质：32g
脂肪：4g
碳水化合物：470g

热量：324kcal
蛋白质：27g
脂肪：20g
碳水化合物：11g

鸡汁豆腐

鸡汁豆腐

材料：豆腐 200 克，鸡肉 50 克，水发木耳末少许。

调料：植物油 10 克，盐、淀粉、高汤、酱油、葱末各适量。

做法：①豆腐切丁，下滚水中氽烫，沥干水分装盘。②鸡肉洗净切丁，用淀粉和盐煨好。③锅中倒油烧热，放鸡丁、水发木耳末、葱末、酱油等一起煸炒，加高汤，用水淀粉勾芡，炒熟后盖在豆腐上即可。

冬瓜鲤鱼汤

材料：鲤鱼 500 克，冬瓜 150 克，植物油 50 克。

调料：盐、料酒各适量。

做法：①鲤鱼去鳞、内脏、鳃，洗净，在肉厚处划几刀至胸骨；冬瓜去皮，洗净，切块备用。②锅热后倒油烧至冒烟，下鲤鱼，待一面煎焦黄后，煎另一面。③倒料酒，将冬瓜条以及清水放入，大火烧开转小火煮 8 分钟，待汤浓白时放入盐调味即可。适宜 2 人餐。

热量：757kcal
蛋白质：48g
脂肪：62g
碳水化合物：5g

冬瓜鲤鱼汤

热量：478kcal
蛋白质：10g
脂肪：3.5g
碳水化合物：107g

红薯粥

红薯粥

材料：小米、红薯各 100 克。

调料：红枣少许。

做法：①红薯去皮，洗净后切成小方块；红枣洗净后去核。②小米淘洗干净，入锅内加适量清水，煮开后再放入红薯块、红枣，改小火慢熬成粥。

甜椒韭菜煎蛋

材料：韭菜 100 克，红甜椒 50 克，鸡蛋 1 个。

调料：植物油 10 克，姜、葱、盐、各适量。

做法：①韭菜洗净，切成段；红甜椒洗净，切成丝；葱、姜洗净，切成末；鸡蛋打散备用。②锅内热油爆姜、葱末，倒入韭菜段和红甜椒丝，煸炒至将熟时下盐调味。③炒好的韭菜和红甜椒摆盘，打散的鸡蛋放入适量盐炒熟，摆盘即可。

甜椒韭菜煎蛋

热量：200kcal
蛋白质：9g
脂肪：15g
碳水化合物：8g

Day 5 餐单

妊娠呕吐剧烈的孕妈妈可以尝试用水果入菜，如利用柠檬、脐橙、菠萝等做材料烹煮食物的方法来增加食欲，也可食用少量的醋来添加菜色美味。还可以试一试酸梅汤、橙汁、甘蔗汁等来缓解妊娠的不适。因妊娠反应，许多孕妈妈会很倦怠，懒得活动，再加上吃得也比较精细，极易引起便秘。一旦发生便秘，孕妈妈切记不要使用泻药，而应采取饮食调理，或外用甘油润肠等方法来缓解。

早餐　豆浆＋水煎包＋苹果

加餐　腰果适量

午餐　花生拌鸭胗＋三色冬瓜＋揪面片

加餐　雪梨红糖水

晚餐　米饭＋水晶牛肉＋雪菜炒冬笋＋香菇炒菜心

加餐　牛奶

千万不能忽视孕早期的孕吐。孕早期胚胎发育相对缓慢，但胚层分化以及器官形成易受营养素缺乏的影响，早孕反应导致的摄食量减少可能引起叶酸、锌、碘等微量营养素缺乏，进而增加胎儿畸形发生的风险。早孕反应导致的摄食量减少还可能引起 B 族维生素缺乏，进而加重妊娠反应；呕吐严重者还可引起体内水及电解质丢失和紊乱；呕吐严重不能进食者，易导致体内脂肪分解，出现酮症酸中毒，影响胎儿神经系统的发育。

为增加进食量，保证能量的摄入，应尽量适应妊娠反应引起的饮食习惯的短期改变，照顾孕妇个人的口味，不能片面追求食物的营养价值，待妊娠反应停止后，逐渐纠正。对于一般的妊娠反应，可在保健医生指导下补充适量的 B 族维生素，以减轻妊娠反应的症状。怀孕早期孕妈妈应注意适当多吃蔬菜、水果、牛奶等富含维生素和矿物质的食物。为减轻恶心、呕吐的症状，可进食面包干、馒头、饼干、鸡蛋等。

水晶牛肉

热量：450kcal 蛋白质：78g
脂肪：13g 碳水化合物：5g

材料：牛肉 350 克，肉鸡爪 10 个。

调料：盐、八角、料酒、甜面酱、酱油、白糖、香油各适量。

做法：①牛肉洗净入沸水汆烫去血水；锅内换清水，加盐、八角、料酒，放牛肉，煮至熟烂，捞出切丁。②鸡爪放清水锅中煮烂，倒出汤汁。③牛肉汤和鸡汤对半盛盆冷却，加牛肉丁拌匀，重新入锅煮开，倒盆内冷却凝固后切片，盛盘。④小碗加甜面酱、酱油、白糖、香油，加少许水拌匀，随菜上桌，吃时蘸取。适宜 2 人餐。

三色冬瓜

热量：444kcal
蛋白质：43g
脂肪：20g
碳水化合物：32g

材料：冬瓜 300 克，虾仁 200 克，西兰花 100 克，青豆 50 克。

调料：植物油 10 克，水淀粉、盐各适量。

做法：①冬瓜去皮洗净，切成薄片；西兰花洗净，掰成小瓣备用。②清水倒入锅中煮沸，倒入西兰花、虾仁，焯水，捞出，沥干水分。③油锅烧热，放入冬瓜片、青豆、西兰花、虾仁，加盐翻炒均匀。

④最后用水淀粉勾芡即可。

花生拌鸭胗

热量：820kcal
蛋白质：75g
脂肪：48g
碳水化合物：28g

材料：鸭胗 300 克，花生仁 100 克。

调料：盐、料酒、花椒、八角、姜块、葱段、花椒油、香油、高汤各适量。

做法：①鸭胗去筋皮后洗净，切成 0.5 厘米厚的鱼鳃形，入沸水焯至断生后捞出控水。②鸭胗加高汤、盐、料酒、花椒、姜块、葱段，上蒸笼蒸至入味后取出；花生仁用沸水浸泡后剥去外皮，放盐、花椒、八角再浸泡，待入味捞出。③鸭胗、花生仁加少许盐、花椒油、香油拌匀即可。每人每餐半份，适宜 2 人餐。

水煎包

材料：发面团 500 克，瘦肉 400 克，虾仁 50 克，韭菜 20 克，鸡蛋 50 克。

调料：植物油 20 克，酱油、盐各少许。

做法：①瘦肉剁好，鸡蛋打好拌匀，韭菜剁碎，加上虾仁，放入酱油、盐一起在盆中搅拌均匀即成馅。②发面团揉好，擀成面皮，包上馅，做成小包子。③平底锅烧热，加少许油，放入包子煎至金黄色，加水盖住锅底，盖上锅盖小火焖，水干后水煎包即成。

热量：2516kcal 蛋白质：158g
脂肪：38g 碳水化合物：390g

香菇炒菜心

热量：194kcal 蛋白质：11g
脂肪：12g 碳水化合物：28g

材料：干香菇 30 克，油菜心 400 克。

调料：高汤适量，植物油 10 克，酱油、盐、白糖各少许。

做法：①香菇入温水泡发，洗净沥水，去柄切小块。②油菜心洗净，捞出沥水，在根部纵向剖“十”字刀。③炒锅加油烧至七成热，倒入香菇块，翻炒几下，加入油菜心，炒至油菜心变软，颜色变绿时加盐、白糖、高汤，盖上锅盖烧 3 分钟，加酱油炒匀后即可。

雪梨红糖水

热量：238kcal
蛋白质：1g
脂肪：0.3g
碳水化合物：61g

材料：雪梨 2 个 300 克。

调料：红糖 25 克。

做法：①雪梨洗净，去皮、去核，切成小块。②雪梨块入锅内加适量水烧开，转为小火，加入红糖慢慢熬，至汤汁黏稠时起锅。③把雪梨渣捞出，取其汁即可。

雪菜炒冬笋

热量：161kcal
蛋白质：7g
脂肪：11g
碳水化合物：15g

材料：净冬笋 350 克，雪菜 75 克。

调料：猪油、白糖、盐、菱粉、香油各少许，清汤适量。

做法：①净冬笋切成小旋刀块；雪菜去掉败叶和老梗，切成末。②热锅冷油下笋块，（油太热不能使笋里熟外白），滑炒 2 分钟，捞出沥油。③锅内留少许油，下雪菜略炒，然后下笋块，加清汤、白糖、盐，烧 1 分钟，加湿菱粉勾芡，浇上少许麻油即可。

揪面片

热量：1800kcal 蛋白质：62g
脂肪：8g 碳水化合物：375g

材料：面粉 500 克，温水 250 毫升。

调料：盐适量。

做法：①盐融于温水中，加面粉，揉成均匀光滑的面团。②面团饧 20 分钟，再揉 5 分钟，继续饧 15 分钟。③面团分成大小均匀的剂子，稍微拉长抹一层油，放盆中。④锅内加水烧沸，拿一团面剂子，两手拇指均匀压出八字形花纹。⑤双手拉住面的两端，边拉长边轻抖，使面成为均匀的条；长面条揪成均匀的片入锅煮熟，加入喜欢的汤料即可。每人每餐 150 ～ 200 克，加蔬菜一份，适宜 3 ～ 4 人餐。

Day 6 餐单

一定要吃早餐，而且保证质量。喜欢吃油条的要改掉吃油条的习惯，炸油条使用的明矾含有铝，铝可通过胎盘侵入胎儿大脑，影响胎儿智力发育。孕妈妈一定要坚信自己能克服孕期不适，并说服自己吃东西。多吃核桃、海鱼、黑木耳等有助于胎儿神经系统发育的食物。

早餐　豆沙小酥饼 + 豆浆 + 橙子

加餐　核桃适量

午餐　米饭 + 香肠炒西兰花 + 糯米桂花糖藕 + 金针菇炖鸡汤

加餐　乌梅冰糖饮

晚餐　米饭 + 菠菜肉丸 + 糖拌番茄 + 西湖牛肉羹

加餐　牛奶

孕妈妈宜定时定量进餐，不宜饥饱不一。

有的孕妈妈由于妊娠反应的干扰不愿吃饭。这时孕妈妈可能并没有感觉到饥饿，但仍然会对胎宝宝产生影响。饥饿的情况下就容易多吃，吃得过多，会对肠胃造成负担。要解决这个问题，就是定时定量地进餐。

不管是正餐还是加餐，时间到了就吃，不要等饿了再吃，尤其是孕期血糖有问题的孕妈妈。定时定量地吃，血糖不会忽高忽低变化，更容易控制血糖；不等到饿的时候再吃就不会吃得过多，也有利于控制体重。

对准妈妈来说，孕初期是最不稳定的时期，所以，生活起居、休闲娱乐、饮食作息都要在“安全控管”之下进行，并尽量避免长期坐车和劳累。孕中期属安全期，可进行旅行活动，胃口大开，但仍要合理安排膳食，中餐、晚餐前仍须躺下休息十分钟，让腰椎及骨盆腔获得充分休息，避免压伤。孕末期胎儿长得特别快，应多吃点高钙、高蛋白食物，但要注意营养不可过度摄入，以免造成自身虚胖、胎宝宝过大不利分娩、产后身材变形等现象。

热量：279kcal
蛋白质：47g
脂肪：7g
碳水化合物：7g

菠菜肉丸

菠菜肉丸

材料：牛、猪肉各 100 克，蛋清 1 个，菠菜 50 克。

调料：陈皮、酱油、米酒、淀粉、姜末、盐各少许。

做法：①菠菜洗净焯烫后捞出铺盘。②陈皮洗净，热水泡软后捞出剁碎。③牛肉、猪肉洗净，剁馅，加陈皮、姜末、蛋清、酱油、米酒、淀粉和盐，搅匀成馅料。④馅料团成丸子，排在菠菜上，入蒸笼大火蒸 7～8 分钟，取出即可。

糯米桂花糖藕

材料：藕 650 克，糯米 150 克，荷叶 25 克。

调料：白糖 50 克，糖桂花 100 克。

做法：①糯米洗净后清水浸泡 1 小时。②藕洗净，切下一端藕节头，在藕孔中塞糯米，用竹签将藕节头与藕节封住入锅，加适量水大火烧开，盖上荷叶改小火煮 2 小时，取出切片，码入盘中。③另取一锅，加适量水、糖，小火慢熬至糖汁黏稠，加糖桂花拌匀，取出浇在藕片上。高热量食物，适宜 2～3 人餐。

糯米桂花糖藕

热量：1288kcal
蛋白质：21g
脂肪：3g
碳水化合物：303g

热量：1254kcal
蛋白质：43g
脂肪：21g
碳水化合物：226g

豆沙小酥饼

豆沙小酥饼

材料：鸡蛋 3 个。

调料：糖 50 克，牛奶 100 克，面粉 150 克，红豆沙 100 克，蜂蜜、泡打粉各适量。

做法：①鸡蛋打至起泡，分 3 次加糖，打至发白，加牛奶和蜂蜜。②面粉、泡打粉混合过筛，分次筛到蛋糊中，快速拌匀，盖保鲜膜静置半小时。③平底锅烧热，倒适量面糊，中小火至表面现气泡，翻面略煎；使饼皮一面咖啡色，一面米黄色。④取两个大小相当的饼皮，在米黄色面抹红豆沙，对齐盖好。可制成 6～8 个，高热量高糖食物，每人每餐 1～2 个。

西湖牛肉羹

材料：牛肉 100 克，冬笋、午餐肉各 20 克。

调料：香菜、鸡蛋清、盐、胡椒粉、香油、水淀粉、鲜汤、料酒各适量。

做法：①牛肉、冬笋、午餐肉分别洗净，切米粒状；冬笋入沸水焯烫断生，捞起控干。②炒锅加入鲜汤，放牛肉粒、冬笋粒、午餐肉粒，烧沸后去净浮沫。③加盐、胡椒粉、料酒调味，慢慢淋入鸡蛋清，用水淀粉勾成薄芡，撒香菜淋香油即可。

西湖牛肉羹

热量：168kcal
蛋白质：27g
脂肪：4g
碳水化合物：6g

香肠炒西兰花

热量：580kcal
蛋白质：28g
脂肪：46g
碳水化合物：15g

香肠炒西兰花

材料：香肠 100 克，西兰花 100 克。

调料：蒜片、盐、淀粉、料酒各适量。

做法：①香肠切成片；西兰花洗净撕成小朵，入沸水锅中焯一下，捞出控水。②炒锅放油烧热，下蒜片爆香，放西兰花、香肠、料酒、盐快速煸炒，最后加淀粉勾芡，出锅即成。

糖拌番茄

材料：鲜番茄 500 克。

调料：绵白糖 25 克。

做法：①番茄洗净，去蒂，在开水锅里烫一下，剥去皮。②番茄切成滚刀块，然后均匀地摆在盘子里，撒上绵白糖即可。

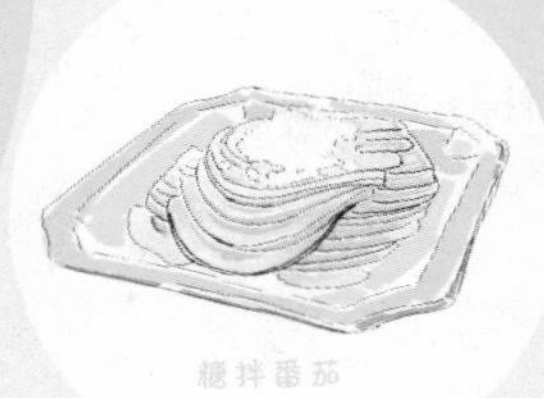
糖拌番茄

热量：191kcal
蛋白质：4.5g
脂肪：1g
碳水化合物：44g

乌梅冰糖饮

热量：174kcal
蛋白质：2.5g
脂肪：0.8g
碳水化合物：51g

乌梅冰糖饮

材料：乌梅 100 克。

调料：冰糖 25 克。

做法：①乌梅洗净，剖成两半。②乌梅放锅里，加适量清水，用大火烧开后转为小火，慢熬至乌梅熟烂、汤汁黏稠时，加入冰糖，待冰糖溶化后，搅拌均匀即可。

金针菇炖鸡汤

材料：金针菇 100 克，鸡肉 150 克。

调料：盐、胡椒粉各少许。

做法：①金针菇洗净，去掉老根部分，沥干水分备用。②鸡肉洗净，切成小块，先入沸水中焯一下捞出。③锅内另加清水，放鸡块，加上调料炖至八成熟时，下入金针菇，加盖再炖至熟烂即可。

金针菇炖鸡汤

热量：226kcal
蛋白质：32g
脂肪：8g
碳水化合物：10g

Day 7 餐单

为了克服晨吐，起床前先吃些东西垫垫胃，减少呕吐。早晨可以在床边准备一杯水、一片面包，或一小块水果、几粒花生米，它们会帮你抑制强烈的恶心。下床前先吃些东西垫垫胃，减少呕吐。反之，胃容易有妊娠呕吐。在手帕上滴几滴你不会感到恶心的味道（如柠檬），当闻到“难闻”的气味时应急使用。在难受的状态下，你可以口含姜片，用橙皮煎水饮用，煮清香的竹叶水喝，做藿香粥吃，以代替干硬的米饭来抑制恶心。

早餐 小米粥＋煮鸡蛋＋橘子

加餐 腰果

午餐 米饭＋脆口三色＋盐煎肉＋鲍鱼萝卜汤

加餐 苹果

晚餐 米饭＋猪肚汤＋胡萝卜炒毛豆＋凉拌木耳

加餐 牛奶

孕期不可随便用药，必须用药时一定要在医生的指导下谨慎使用。目前我国对孕妇的用药借用了美国药物和食品管理局制定的标准，分级如下：

A 级药物：对孕妇安全，对胚胎、胎儿无危害，如治疗甲状腺功能低下的优甲乐。

B 级药物：对孕妇比较安全，对胎儿基本无危害，如青霉素、头孢类抗生素等。

C 级药物：仅在动物实验研究时证明对胎儿致畸或可杀死胚胎，未在人类研究证实，孕妇用药需权衡利弊，确认利大于弊时方能应用。

D 级药物：对胎儿危害有确切证据，除非孕妇用药后有绝对效果，否则不考虑应用。

X 级药物：可使胎儿异常，在妊娠期间禁止使用。

热量：362kcal 蛋白质：44g
脂肪：20g 碳水化合物：2g

猪肚汤

材料：猪肚 300 克。

调料：猪骨高汤适量，蒜片、姜片、白糖、盐、植物油各少许。

做法：①面粉擦拭猪肚，放清水中两面洗净，下开水锅中加少许姜片汆烫后捞起，放冷水中；用刀刮去猪肚浮油，切条。②锅中放油烧热，下蒜片、猪肚条略炒，倒 8 杯猪骨高汤、调料烧沸，用中火煮 15 分钟即可。

鲍鱼萝卜汤

材料：鲍鱼 30 克，萝卜 250 克。

调料：盐、料酒各适量。

做法：①干鲍鱼泡软后切成丝，萝卜去皮切成块，一齐放入砂锅内。②砂锅加适量水，文火煮 1 小时，加盐、料酒调味，炖熟即可。

热量：52kcal 蛋白质：9g
脂肪：1g 碳水化合物：6g

热量：45kcal 蛋白质：1.3g
脂肪：0.2g 碳水化合物：13g

脆口三色

材料：莴笋、胡萝卜、西芹各 50 克，红柿子椒少许。

调料：盐、白糖各适量。

做法：①莴笋、胡萝卜去皮洗净，均切成菱形段；西芹去叶洗净，切斜刀段；红椒切小段。②锅内加水烧开，分别放莴笋段、胡萝卜段、西芹段焯熟捞出。③焯好的食材装盘，放红椒段，加盐、白糖调味，拌匀即可。

盐煎肉

材料：猪后腿肉 150 克，青蒜 150 克。

调料：猪油 10 克，郫县豆瓣酱、甜酱、豆豉、酱油、料酒各少许。

做法：①选肥瘦相连的去皮肉，切成薄片；青蒜洗净，切段。②锅内油烧至五成热，放入肉片，煸炒至刚熟，烹料酒，下豆瓣酱、豆豉，炒出红色，加酱油、甜酱、青蒜炒匀。青蒜熟时起锅，装盘即成。

热量：478kcal 蛋白质：22g
脂肪：41g 碳水化合物：8g

胡萝卜炒毛豆

热量：155kcal 蛋白质：11g
脂肪：9g 碳水化合物：13g

材料：胡萝卜 50 克，毛豆 150 克。

调料：油、蒜末、盐、胡椒粉、香油各少许。

做法：①胡萝卜洗净切成丁，入沸水焯一下，捞出备用；毛豆煮至微软即可。②炒锅置火上，加适量油烧热，倒入蒜末炒香，放入毛豆一起炒，加盐、胡椒粉，再倒入胡萝卜丁一起炒，出锅前淋上香油即可。

凉拌木耳

材料：水发木耳 400 克。

调料：香油、盐、白糖、料酒、醋各适量。

做法：①木耳洗净，入水煮熟，捞出控水。

②往碗里倒一点儿香油， 再倒上醋，然后放白糖、料酒、盐调拌均匀后浇到木耳上即可。

热量：125kcal 蛋白质：6g
脂肪：1g 碳水化合物：34g

milk

Chapter 4

孕中晚期，长胎不长肉的饮食方案

进入孕中期，孕吐自行消失，孕妈妈迎来孕期难得的好胃口，胎宝宝的生长发育也进一步加快，需要的营养越来越多。孕妈妈应在均衡饮食的基础上，适当增加热量的摄入。

一　孕中晚期增重是必然，但要设置底线

孕中期是宝宝迅速发育的时期，身体迅速增大，每周增加 50 ~ 80g 多，28 周更进入加速期，每周增重 160 ~ 250g；内脏器官不断地分化、完善，已形成的器官虽未成熟，但有的已具有一定的功能。此时孕妈妈在热能和营养素方面的需要比怀孕早期大大增加。但实际上，孕妈妈和胎儿需要的量远远低于我们的预期。

孕期增重几乎都在中晚期

孕中期不仅是宝宝迅速发育的时期，也是孕妈妈体重迅速增加的时期。孕妈妈子宫、乳房明显增大，并开始储存蛋白质、脂肪、钙、铁等。基础代谢在孕中期逐渐增高，到孕晚期可增高 15% ~ 20%。孕期能量消耗多，肠道吸收脂肪的能力增强。怀孕期间，平均体重增加 12.5 kg。除了孕早期增重 1 ~ 2 kg，几乎都是在中晚期。

孕期增重需要监测

孕期增重不是无底线的，体重变化必须监测。

标准体重的孕妈妈理想的体重增长速度

孕中晚期：孕中每周增长 0.3 ~ 0.5kg

总增长 10 ~ 14kg

增重的分配情况

孩子 3 ~ 3.5kg+ 胎盘子宫羊水 4 ~ 5kg+ 脂肪 3.5 ~ 4kg；如果孕中晚期每周增重大于 0.5kg 或小于 0.3 kg 需调整能量摄入

不同体重的孕妈妈进入孕中期后每周增重情况如下

分型	16周后每周增重（kg）	整个孕期增重范围
低体重 BMI < 18.5	0.51	12.5～18 kg
标准体重 BMI=18.5～23.9	0.42	10～14 kg
超重 BMI=24～27.9	0.28	7～11.5 kg
肥胖 BMI > 28	0.22	5～9 kg

每周应测 1～2 次体重

称重方法（5点）：晨起、空腹、排空大小便、光脚、同样的内衣。即同样的条件下称重，一周 1～2 次并记录。

孕中晚期饮食建议

❶ 增加鱼、禽、蛋、海产品的摄入；

❷ 奶类摄入；

❸ 常吃含铁丰富的食物；

❹ 适量运动；

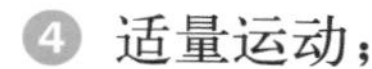

❺ 体重增长适宜；

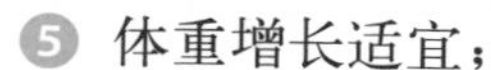

❻ 禁烟酒和少摄入刺激性食物；

❼ 增加粗粮即增加膳食纤维的摄入。

这个时期的营养饮食需要增加对热量的供给。适当增加米饭、馒头等主食及鱼、肉、蛋、奶、豆制品、花生、核桃等副食是必要的，而且还要增加一定数量的粗粮，如小米、玉米、红薯等。

Tips：找医生评估膳食结构

如果孕妈妈对自己的体重增长不满意或想了解自己的膳食是否合理，可以通过记录最近三天的膳食日志，交给大夫或营养师，让专业医生或营养师评估您的饮食结构、量是否合理。甚至烹调方式也要记录，以便医生或营养师进行更细致的干预和指导。

二 上班族孕妈的午餐提示

午餐怎么吃？一般来说有四种选择：吃盒饭、外出就餐、单位餐厅、自己带便当。

盒饭要挑三拣四

很多单位会以外送盒饭作为员工午餐，孕妈应选择配菜种类尽可能多的套餐，保证至少有三大类：主食、蔬菜、蛋肉。如果条件允许，可以增加水果类。如米饭＋肉类＋热菜＋凉菜＋水果的搭配，就能够保证营养的均衡。

外出就餐，卫生是王道

有的单位没有统一安排午餐，孕妈妈只能找附近的餐厅解决午饭。这时候，卫生条件是孕妈妈考虑的首要因素。如果可以，最好自己带餐具，避免感染细菌。

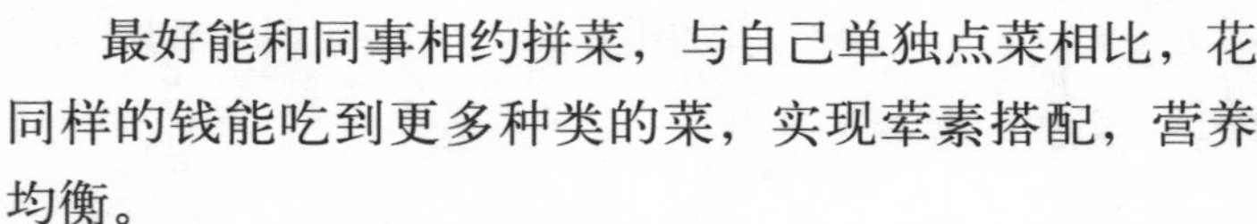

最好能和同事相约拼菜，与自己单独点菜相比，花同样的钱能吃到更多种类的菜，实现荤素搭配，营养均衡。

单位餐厅，不要太重视口味

此时，孕妈妈最好不要由着性子爱吃什么就吃什么，多从营养的角度出发来选择食物，并降低对口味的要求。比如油炸的食物、含有咖啡因或酒精的饮料，都不要出现在自己的餐盘里。其他辛辣、调味重的食物也应该明智地拒绝。尽量选择口味清淡的菜式，油多盐多的菜式容易引起孕妈妈血压上升或双足水肿。

自带便当最有保证

自己动手，做出符合自己口味，并且携带方便、食用方便的营养食品，是一种能保证营养和卫生的最佳午餐解决方案。但是需要注意的是不要带剩饭菜，剩饭菜由于翻动过多，容易滋生细菌。另外不要选择绿叶菜，以及鱼类、海鲜等。叶菜闷在饭盒里，口感容易变差，也容易产生亚硝酸盐，鱼类、海鲜等容易腐败变质。

◆ 可以晚上准备好饭菜。选择豆角、茄子、瓜类、薯类等菜品，炒到七八成熟，盛进干净的饭盒后不要翻动密封好放入冰箱，第二天中午微波炉加热食用。这样做不仅可以最大限度地避免细菌繁殖，而且七八成熟的菜经过微波炉加热，避免了营养素的过多流失。

◆ 由于菜品的限制，自带午餐品种有限，孕妈妈们可以多尝试菜品混搭，尽量避免单一的食材菜品。比如做个炒三丝（木耳丝、胡萝卜丝、瘦肉丝）；主食可以是包子、饺子，也可以是杂粮饭或薯类。

方便食品增加营养

如果工作餐蔬菜有限，可以加个水果以补充维生素的摄入。可以在早上出门前把水果清洗干净，然后用保鲜袋带到公司。

如果午餐简单，还可以补充一些牛奶。可以是盒装的牛奶也可以是袋装的牛奶，用微波炉加热就可以了。如果办公室没有微波炉加热，又不想喝冷的，可以买奶粉冲调。

可以带一些饱腹的食物作为加餐。比如全麦面包、消化饼等粗纤维的面食等。核桃仁、杏仁等坚果也不错，体积小好携带，而且含有孕妈妈需要的多种营养元素。

Tips：选择良好的就餐环境

如果公司的餐厅环境嘈杂吵闹，影响食欲，你也可以把午餐带到办公室来吃；一边播放些轻音乐，为自己打造一个舒适的进餐环境。

三　那些值得商榷的孕期减肥法

有的孕妈妈因为担心孕期增重过度，产后身材不容易恢复，所以孕期就开始减肥。我们不主张这样做。孕期营养过剩，解决办法只有一个：控制饮食＋适度运动。再无其他。

节食减肥

这是最常用的减肥办法。但是怀孕期间真不是节食或是减肥的时候。节食会造成对孩子成长至关重要的蛋白质、氨基酸、维生素和矿物质的摄取不足，可能会对孩子造成终生难以弥补的遗憾。

喝减肥茶

减肥茶的成分我们并不清楚都包括什么，其中可能含有对胎儿不利的成分。而且减肥茶会抑制身体对营养的吸收，这也不利于胎儿的生长。安全起见，孕妈妈最好不要喝。

控制饮水量

这种减肥办法即使非孕期也应该慎用。它会造成机体脱水，不但对脂肪代谢不利，还增加了肝肾负担，使代谢过程中的废物不能及时排出体外，引起机体自身的中毒反应。孕期不喝水，会给肝肾造成的负担更大，对母体和胎儿都非常不利。

针灸减肥

针灸减肥主要是通过针灸来调整人体的代谢功能和分泌功能，从而促进脂肪分解，达到减肥降脂的效果。但是，如果针灸场所没有严格按照“一人一针一穴”的基本原则，丢弃或消毒银针，再加上孕期抵抗力下降，孕妈妈将极易感染传染病。还有的因为针刺不当，会造成心、肺、肝等内脏的损伤。更为重要的是，针灸本身就具有调理气血活血化瘀的作用，这将可能导致流产。

高强度运动减肥

激烈运动是公认的有效的减肥方法。但却并不适用于孕期。英国南丹麦大学对超过 9 万名孕妇做调查发现：每周做 7 小时或以上激烈运动的孕妇，在怀孕初期即第 18 周或以前的流产机会，比完全不做运动的孕妇高 3.5 倍。当然，怀孕是正常的生理活动，孕期进行适度的运动对母体和胎儿都有益处。比如散步、游泳都是很好的孕期运动。但要有规划与指导，不能运动过量。

孕期控制体重的建议

散步 √

每天保证 15 ～ 30 分钟的散步时间，对孕妈妈和胎宝宝都有好处。可以每天早起和晚饭后散散步，并适当增加爬坡运动。最初 5 分钟要慢走，做一下热身运动。最后 5 分钟也要慢些走，使身体慢慢放松。散步的时间和距离以自己不觉劳累为宜。夏天或冬天应注意防暑、防寒，天气不好的日子不要散步。

游泳 √

游泳是孕期非常好的运动。选择卫生条件好、人少的游泳池，下水前先做一下热身，下水时戴上泳镜，防止被人踢到腹部。

单纯性肥胖饮食处方

给超重孕妈妈的建议是：买一个体重秤（为孩子的投资，值得），自己在家做饭，定时定点定量，少去饭店、快餐店吃饭。

- 建议少量多餐，做到定时定量
- 粗细粮搭配，品种多样
- 增加膳食纤维，如魔芋、芹菜、扁豆、豆制品以及各种菇类
- 注意进餐顺序：汤—菜—蛋白类—主食
- 增加饮食中的蛋白质
- 适当运动
- 适当吃点醋
- 监测体重增长

孕期饮食必须强调饮食结构合理，定时定量，千万不能以牺牲营养为代价换取满意的血糖值或体重数字。

四 孕中晚期不可错过的食物

到了孕中晚期，胎儿的生长发育需要大量的铁、钙和锌，孕妈妈自然不能错过富含铁、钙和锌的食物。

锌是“生命的齿轮”

锌在生命活动过程中起着转运物质和交换能量的作用，因此被人誉为“生命的齿轮”。它是蛋白质和酶的组成部分，对胎儿生长发育非常重要。如果孕妈妈孕 3 月后摄入锌不足，可导致胎儿生长发育受限、矮小症、流产、性腺发育不良、皮肤病等。推荐孕妈妈于孕 3 个月后，每天从饮食中补锌 16.5 mg。孕妈妈血锌的正常值为 76.5 ~ 150 μmol/L 。

富含锌的食物

富含锌的食物主要有：动物性食物，如牛肉、猪肉、羊肉及肝脏、蛋类等；海产品，如鱼、紫菜、牡蛎、蛤蜊等；豆类食物，如黄豆、绿豆、蚕豆等；坚果类，如花生、核桃、栗子等。另外，香蕉、苹果、蘑菇、卷心菜也含有丰富的锌。

番茄炒豆角

热量：128kcal
蛋白质：3g
脂肪：10g
碳水化合物：9g

材料：番茄 50 克，豆角 100 克。

调料：肉汤、盐各少许。

做法：①番茄洗净，切成块；豆角择洗干净，去筋，切成小段。②锅置火上，加油 10 克烧热，下豆角煸炒，至八成熟时，下入番茄块，加肉汤、盐，翻炒入味即成。

葱炒木耳

热量：220kcal
蛋白质：5g
脂肪：16g
碳水化合物：25g

材料：木耳 30 克，大葱 100 克。

材料：盐、酱油、水淀粉、植物油各少许。

做法：①木耳泡发后放开水烫熟；大葱择洗干净，切细丝。②锅中倒油，放葱丝炒出香味，再加入烫好的木耳翻炒几下。③最后加入酱油和少许盐，出锅前淋入水淀粉勾芡即可。

青笋金针菇

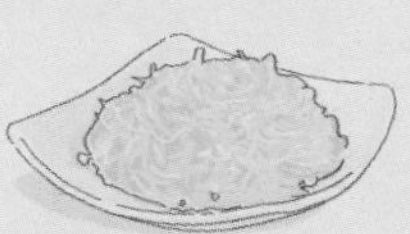

热量：165kcal
蛋白质：8g
脂肪：11g
碳水化合物：18g

材料：水发金针菇 250 克，干青笋 100 克。

调料：猪油、香油、盐各适量。

做法：①干青笋入清水中泡软，捞出后切成小段；水发金针菇泡开，捞出沥水备用。②锅内加适量猪油烧热，下入青笋段煸炒，至八成熟时，加入金针菇同炒，加盐调味，起锅时淋上少许香油即可。

香菜萝卜丝

热量：150kcal
蛋白质：5g
脂肪：5g
碳水化合物：28g

材料：萝卜 500 克，香菜 50 克。

调料：白糖、嫩姜、酱油、盐、香油各适量。

做法：①萝卜洗净，去皮，切细丝，晾干；嫩姜去皮，切丝；香菜洗净切段。②萝卜丝放温开水中泡软，取出挤干水分，同姜丝拌匀装盘，上面放香菜段。③取小碗放酱油、白糖、盐、香油调汁，浇在萝卜丝上。

宫保百合四季豆

热量：280kcal
蛋白质：7g
脂肪：16g
碳水化合物：33g

材料：四季豆 300 克，百合、熟腰果各少许。

调料：植物油、大蒜、酱油、冰糖、胡椒粉、香油各适量。

做法：①四季豆切段，百合洗净剥开，大蒜切片。②炒锅加油烧热，下蒜片爆香，倒入四季豆段煸炒，加酱油、冰糖、胡椒粉炒匀，加百合，熟时再加熟腰果，淋少许香油即可。

鸡蛋炒牡蛎

热量：483kcal
蛋白质：30g
脂肪：29g
碳水化合物：31g

材料：牡蛎肉 200 克，鸡蛋 3 个，黑木耳 20 克。

调料：葱、植物油、盐各适量。

做法：①牡蛎肉以盐水洗净，捞起放入碗中；葱洗净，切成末；木耳泡发，洗净，去蒂。②鸡蛋打入碗中，搅散，加适量葱末搅拌均匀。③锅加热，倒入油，放入黑木耳、牡蛎肉，倒入鸡蛋液，加上盐调味，炒至牡蛎肉蓬松即可。

起酥鱼卷

热量：1450kcal
蛋白质：89g
脂肪：34g
碳水化合物：198g

材料：鱼肉 300 克，起酥片 6 个，沙拉酱、鸡蛋黄、白芝麻各适量。

调料：米酒、盐、白胡椒各少许。

做法：①鱼肉洗净，切成 6 片，放入碗中，加上米酒、盐、白胡椒粉拌匀，腌渍入味，捞出后抹上少许的沙拉酱。②用起酥片包裹住鱼片，卷成 6 份，卷好后在表面涂上鸡蛋黄，蘸上少许白芝麻，放在盘中。③放进烤箱烤约 20 分钟，温度以 250℃为宜，烤熟后取出即可。制作 6 ～ 8 卷，高热量低脂肪食物。

钙是骨骼发育的关键营养素

钙是人体中含量最多的矿物质，是人体骨骼、牙齿的重要组成成分。胎儿生长发育需要大量钙，足月妊娠胎儿骨骼储存约30g钙，其中80%在妊娠最后3个月内积累；因此孕期钙的需求主要在孕中晚期，约150～450mg/天，这段时间孕妈妈应注意加强饮食中钙的摄入，必要时补充钙剂，孕期增加钙的摄入，以保证孕妈妈骨骼中的钙不致因满足胎儿对钙的需要而被大量消耗。我国营养学会建议自孕16周开始每日摄入钙1000mg，于孕晚期增至1500mg。

孕期缺钙危害大

1 孕妈妈缺钙的危害

轻度缺钙，会引起小腿抽筋、牙齿松动、肢体麻木、失眠或者关节、骨盆疼痛等症状。严重缺钙，孕妈妈可能会被妊娠期高血压综合征困扰，甚至会导致骨质软化、骨盆变形而诱发难产。

2 胎儿缺钙的危害

胎儿在发育过程中，如果得不到足够的钙，出生后很容易发生新生儿先天性喉软骨软化病。这种病的危害在于，当新生儿吸气时，先天性的软骨卷曲并与喉头接触，很容易阻塞喉的入口处，并产生鼾声，这对新生儿健康是十分不利的。

另外，更为重要的是，如果胎儿摄钙量不足，出生后还极易患有颅骨软化、方颅、前囟门闭合异常、肋骨串珠、鸡胸或漏斗胸等佝偻病。

富含钙的食物

最好的补钙方法是食补。富含钙的食物主要有以下 6 大类：

◆ 乳类与乳制品：牛、羊奶及其奶粉、乳酪、酸奶。

◆ 豆类与豆制品：黄豆、毛豆、扁豆、蚕豆、豆腐、豆腐干、豆腐皮、豆腐乳等。

◆ 水产品：鲫鱼、鲤鱼、鲢鱼、泥鳅、虾、虾米、虾皮、螃蟹、海带、紫菜、蛤蜊、海参、田螺等。

◆ 肉类与禽蛋：羊肉、猪脑、猪肉松、鸡肉、鸡蛋、鸭蛋、鹌鹑蛋等。

◆ 蔬菜类：芹菜、油菜、胡萝卜、萝卜缨、芝麻、香菜、黑木耳、蘑菇等。

◆ 水果与干果类：柠檬、枇杷、苹果、黑枣、杏脯、桃脯、杏仁、山楂、葡萄干、核桃、西瓜子、南瓜子、花生、莲子等。

孕期补钙分阶段

孕早期

（250 毫升） + （含钙丰富的日常饮食） + （晒太阳）

一般就能够满足机体每天钙的需求，无须额外补充钙剂。

孕中期

方案一：（500 毫升） + （含钙丰富的日常饮食） + （晒太阳）

方案二：（500 毫克） + （含钙丰富的日常饮食） + （晒太阳）

孕晚期

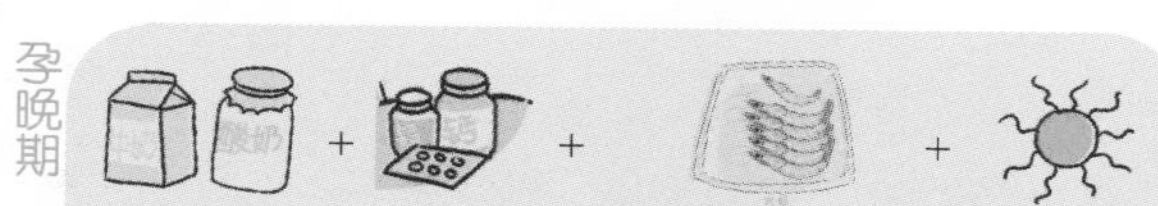

（500 毫升） + （500 毫克） + （含钙丰富的日常饮食） + （晒太阳）

日光浴注意事项

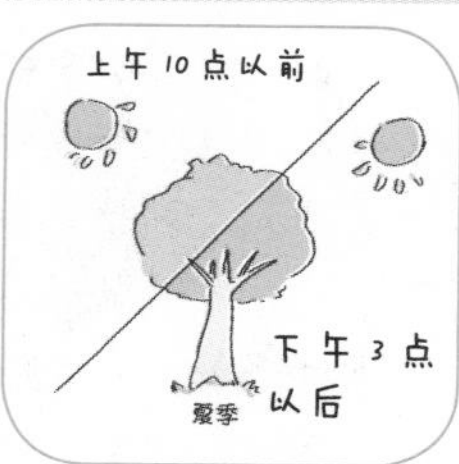

怎么知道缺钙呢？

可通过化验微量元素以及自觉症状。比如出现腿抽筋，牙齿松动等情况。

Tips：骨头汤不是最好补钙方式

用 2 斤肉骨头煲汤 2 小时，汤中的含钙量仅 20 毫克左右。另外，骨头和骨头汤中，钙是以羟磷酸形式存在的，人体吸收率很低。因此，用喝肉骨头汤补钙远远不能满足需要。再者，肉骨头汤中脂肪量很高，喝汤的同时也摄入了脂肪。

烧日本豆腐

热量：478kcal 蛋白质：43g
脂肪：25g 碳水化合物：25g

材料：日本豆腐600克，香菇、水发竹笋各50克，青椒、胡萝卜、鸡蛋清各30克。

调料：大葱、芡粉、姜、盐、白糖、生抽、植物油各适量。

做法：①日本豆腐拆开包装，切成2厘米片状，青椒、香菇、水发竹笋、胡萝卜分别洗净，切薄片。②日本豆腐裹蛋清，沾生粉，过油略炸成金黄色。③锅内加油，葱姜爆香，倒入准备的其他材料，略炒，放盐、生抽调味，最后倒炸过的豆腐，小心翻动，起锅时加少量白糖。

烧二冬

热量：189kcal
蛋白质：6g
脂肪：16g
碳水化合物：13g

材料：冬菇200克，冬笋片100克。

调料：植物油、葱花、姜末、酱油、料酒、白糖、水淀粉、香油各适量。

做法：①冬菇去根洗净，入开水汆烫捞出。②炒锅放油烧热，入冬笋片稍炸，捞出控油。③炒锅留油，放葱花、姜末煸出味，加冬菇、冬笋片煸炒，加酱油、料酒、白糖调味，最后水淀粉勾芡，淋香油出锅。

肉末豆腐

热量：476kcal
蛋白质：45g
脂肪：27g
碳水化合物：14g

材料：豆腐300克，肉末100克。

调料：植物油、葱花、姜片、盐、料酒、高汤、香菜末各少许。

做法：①豆腐上蒸笼蒸5分钟，取出晾凉后切片。②炒锅加油烧热，下葱花、姜片煸出香味，肉末煸炒，再加高汤、料酒和豆腐片，炖至汤汁呈奶白色。③加盐调味，撒上少许香菜末即可。

蛋黄虾

热量：457kcal 蛋白质：43g
脂肪：28g 碳水化合物：7.2g

材料：虾300克，咸蛋黄3个。

调料：油、葱丝各适量。

做法：①虾洗净，入锅炒成红色后盛出（锅内不加油）。②炒锅内加油烧至五成热，放咸蛋黄，边炒边研成泥，倒入虾、葱丝一同翻炒，熟透入味后起锅。

香酥排骨

热量：1100kcal
蛋白质：60g
脂肪：93g
碳水化合物：2.5g

材料：小排骨500克。

调料：植物油、酱油、香油、熟芝麻、五香粉、盐、葱、姜各适量。

做法：①小排骨切方块，沸水焯烫捞出；葱切断，姜切片。②排骨入沸水锅，煮二十分钟捞出装碗，放酱油、姜片、盐，拌匀腌渍30分钟。③锅中放油烧至七成热，下排骨炸至表面微黄。④锅底留油，放排骨、水、五香粉，中火烧至汤汁将干，放芝麻、香油翻炒均匀即可。高热量食品，适宜2 ～ 3人餐。

虾仁豆腐

热量：328kcal
蛋白质：23g
脂肪：24g
碳水化合物：5g

材料：嫩豆腐 150 克，虾仁 80 克，鸡蛋 1 个。

调料：鸡汤、盐、白糖、植物油、葱姜末、淀粉各适量。

做法：①虾仁洗净沥水；鸡蛋打散。②豆腐切丁，入开水中煮 3 分钟后捞起。③炒锅倒油烧热，放葱姜末炝锅，加鸡汤、豆腐丁和适量盐、白糖煮大约 2 分钟，再下虾仁煮 3 分钟，淀粉勾芡，淋入鸡蛋液后烧开即可。

虾皮圆白菜

热量：186kcal
蛋白质：8g
脂肪：16g
碳水化合物：8g

材料：圆白菜 200 克，虾皮 100 克。

调料：植物油、蒜、葱、盐各少许。

做法：①圆白菜剥开，洗净沥干，手撕成小片；蒜切片，葱洗净切小段。②炒锅加油烧热，先将虾皮稍炸一下捞起，再放入葱、蒜爆香，投入圆白菜翻炒，将熟时放盐，再放炸过的虾皮，翻炒均匀后即可。

清蒸板栗鸡

材料：童子鸡 1500 克，栗子 300 克，猪瘦肉 100 克，香菇少许。

调料：姜、葱、盐、料酒各少许。

做法：①鸡洗净；猪肉洗净切小块，沸水焯烫后捞出沥干。②栗子外壳划成“十”字形后，沸水煮 20 分钟，去壳和衣膜再焯 1 分钟捞起。③按顺序放猪肉块、板栗、鸡、姜葱、盐、料酒和适量开水入炖盅，上蒸笼中火蒸 90 分钟，去姜、葱，撇浮沫，再蒸 30 分钟。高热量高蛋白食品，适宜 3 ～ 4 人餐。

热量：1670kcal 蛋白质：212g
脂肪：47g 碳水化合物：104g

木樨肉

热量：830kcal
蛋白质：69g
脂肪：45g
碳水化合物：56g

材料：猪瘦肉 150 克，鸡蛋 4 个，黄花菜、水发木耳各 50 克，黄瓜 1 根。

调料：植物油、葱姜丝、盐、酱油、白糖、料酒、香油各少许。

做法：①瘦肉切薄片；鸡蛋打散；黄瓜洗净切片。②炒锅加油烧热，倒蛋液，炒成块，盛出。③炒锅加油烧热，放肉片炒至变色，加葱丝、姜丝、料酒、酱油、白糖、盐调味，翻炒均匀，再加黄花菜、木耳、黄瓜片和鸡蛋一同翻炒，最后淋香油起锅。适宜 2 人餐。

盐水鸡胗

热量：444kcal
蛋白质：58g
脂肪：19g
碳水化合物：12g

材料：鸡胗 300 克。

调料：植物油、盐、料酒、花椒、葱、姜、高汤各适量。

做法：①鸡胗洗净，入沸水锅焯烫，捞出过凉。②锅内加油烧热，下葱、姜爆香，烹入料酒，加高汤、盐、花椒烧开后转成小火，制成卤汁。③下鸡胗，煮至断生取出，冷却后切片装盘，浇上卤汁。

铁是造血的重要原料

铁是血红蛋白、肌红蛋白、细胞色素酶类以及多种氧化酶的组成成分。它与血液中氧的运输和细胞内生物氧化过程有着密切的关系。因此，铁是造血原料之一。孕妇除了维持自身组织变化的需要外，还要为胎儿生长供应铁质，因为宝宝的血液需要从母亲的血中吸收铁、蛋白质等材料来制造。同时，母体还要为分娩失血及哺乳准备铁质。孕 4 个月后，约有 300 mg 铁进入胎儿和胎盘，500 mg 铁储存在孕妈妈体内，有需要时合成血红蛋白。我国营养学会建议孕妈妈每日膳食中铁的供应量为 28 mg。孕妈妈对铁的需求很难完全从膳食中得到补充，所以不少孕妈妈会出现缺铁性贫血。这时候就要在医生的指导下口服硫酸亚铁 0.3 g，每日一次，与食物分开 1 个小时以上。

富含铁的食物

富含铁且容易吸收的食物有肝脏、鸡蛋、燕麦、大麦、芝麻、红枣、血糯米、豆类、牛肉、鸡肉、甜菜、土豆、樱桃、葡萄干、南瓜、沙丁鱼及虾等。

另外，还有些食物如菠菜、蛋黄等，铁含量虽然很丰富，却不容易被人体吸收。

Tips：这样吃增加铁吸收的效能

含铁质的食物如肝脏、鸡蛋等，若能与柑橘、草莓、青椒等富含维生素 C 的食物一同食用，可以大大促进人体对铁质的吸收；而奶、咖啡、茶和抗酸剂等则会妨碍铁质的吸收。鸭血里铁含量丰富。当遵医嘱来补铁补钙，铁剂和钙剂的服用要分开 2 小时。

常见食物铁含量表

食物名称	含量（mg / 100g）	食物名称	含量（mg / 100g）	食物名称	含量（mg / 100g）
黑木耳（干）	97.4	赤小豆	7.4	山楂	0.9
海带（干）	4.7	蛋黄	6.5	菠菜	2.9
羊肾	5.8	南瓜子（熟）	9.1	韭菜	1.6
芝麻（黑）	22.7	鸡胗	4.4	干枣	2.3
紫菜（干）	54.9	去皮蚕豆	2.5	萝卜缨（青）	1.4
猪肝	22.6	豌豆	4.9	鲜蘑菇	1.2
海蜇皮	4.8	小米	5.1	酸枣	6.6
虾皮	6.7	松子（熟）	3.9	黑枣	3.7
腐竹	16.5	鸡肝	12	豇豆	0.5
		荠菜	5.4	猪肉（瘦）	3

（资料来源于：食材营养素依据为“营养之星”专家系统（妇保版））

补充铁的食谱

枸杞鹌鹑蛋

热量：289kcal
蛋白质：13g
脂肪：7g
碳水化合物：60g

材料：鹌鹑蛋 4 个 60 克，银耳、枸杞各 50 克。

调料：冰糖 25 克。

做法：①银耳用温水发透，除去杂质、蒂头，撕成瓣状；枸杞洗净，水中浸泡 15 分钟；鹌鹑蛋煮熟剥皮；冰糖打碎。②锅内放银耳枸杞，加水适量，大火烧沸，再用小火炖煮至熟，加入熟鹌鹑蛋及冰糖即成。

丝瓜豆腐汤

热量：440kcal
蛋白质：34g
脂肪：25g
碳水化合物：22g

材料：丝瓜 150 克，豆腐 400 克。

调料：植物油、黄酒、酱油、香油、盐、水淀粉各适量。

做法：①丝瓜洗净切片；豆腐洗净切块。②锅内放油烧热，放丝瓜片翻炒几下，加开水、豆腐块，放盐、黄酒、酱油煮沸，用水淀粉勾成薄芡，淋香油即可。

鸭血豆腐汤

热量：120kcal
蛋白质：16g
脂肪：6g
碳水化合物：6g

材料：豆腐 60 克，熟鸭血 50 克，熟猪瘦肉、熟胡萝卜各 20 克，水发木耳 20 克和高汤 250 克。

调料：香油 2 克，酱油、盐、料酒、葱花、水淀粉各适量。

做法：①豆腐、熟猪瘦肉、熟胡萝卜和熟鸭血切条，水发木耳撕碎。②砂锅加高汤，下所有材料，烧开后撇去浮沫。③加酱油、盐、料酒和水淀粉，改小火慢炖，最后淋香油撒葱花。

番茄菠菜汤

热量：130kcal
蛋白质：7g
脂肪：7g
碳水化合物：16g

材料：番茄 50 克，菠菜 250 克，鲜柠檬 2 个 100 克。

调料：奶油、酱油、盐、高汤各适量。

做法：①菠菜洗净，切成段，放入高汤中煮 5 分钟后捞出。②番茄切块，柠檬取汁。③高汤倒入净锅中，加入奶油、酱油、盐、鲜柠檬汁、番茄块、菠菜段，煮开即可。

苦瓜猪肚汤

苦瓜猪肚汤

热量：460kcal 蛋白质：47g
脂肪：25g 碳水化合物：17g

材料：苦瓜、猪肚各 300 克，红柿子椒 1 只，蒜片、姜片各少许。

调料：植物油 10 克，白糖、盐、面粉各少许，猪骨高汤适量。

做法：①猪肚用面粉擦拭，放入清水中两面洗净，下开水锅中加少许姜片汆烫后，放入冷水，刮去浮油，切条备用。②苦瓜、柿子椒去蒂去瓤，苦瓜切长条，柿子椒切丝。③锅中加油烧热，下蒜片、肚条略炒，加猪骨高汤、苦瓜条、调料烧沸，中火煮 15 分钟，撒红椒丝即可。

冻豆腐烧香菇

热量：163kcal
蛋白质：13g
脂肪：10g
碳水化合物：9g

冻豆腐烧香菇

材料：水发香菇 80 克，南豆腐 180 克。

调料：生抽、盐、料酒、糖、淀粉、葱姜蒜末、植物油各适量。

做法：①南豆腐放冰箱冷冻 3 小时取出化冻，切块。②锅内加油烧热，放姜蒜末略炒，下冻豆腐块、香菇，翻炒均匀，加适量水，改小火，盖上锅盖焖煮 10 分钟。③生抽、盐、糖、料酒勾兑调匀入锅，翻炒均匀，小火焖 5 分钟。④水淀粉勾芡，收浓汤汁出锅撒上葱末。

橙汁煎红薯

热量：485kcal
蛋白质：9g
脂肪：21g
碳水化合物：71g

橙汁煎红薯

材料：红薯 250 克，鸡蛋 1 个，橙汁 40 克。

调料：白糖 5 克，植物油 15 克，盐适量，湿生粉少许。

做法：①红薯煮熟；鸡蛋打散，加盐、糖、生粉调成糊，和红薯一起搅拌均匀。②油锅烧热，放入红薯糊，用小火煎至两面金黄至熟透起锅。③锅内留底油、加水，将橙汁烧开，用湿生粉勾芡，淋在煎好的红薯上即可。

干煸豆角

热量：270kcal
蛋白质：13g
脂肪：16g
碳水化合物：38g

干煸豆角

材料：豆角 500 克，红柿子椒 1 只。

调料：油、盐、糖、蒜片、花椒、豆瓣酱各少许。

做法：①豆角择洗干净，切段。②平底锅置火上烧热，不用放油，放豆角干炒，不停翻动，到豆角缩水变软熟透的时候，盛起待用。③炒锅置火上，倒适量油烧热，放入柿子椒、花椒和蒜片煸出香味，倒入煸好的豆角，加盐、糖和两勺豆瓣酱，翻炒至熟，起锅即可。

萝卜片炒猪肝

材料：猪肝 250 克，白萝卜 150 克。

调料：香油 10 克，盐、黄酒各适量。

做法：①猪肝、白萝卜分别切片。②炒锅加香油烧热，放萝卜片，炒至八成熟，加盐后翻炒均匀，盛入盘中。③猪肝爆炒 2 ～ 3 分钟，放八成熟萝卜，快速翻炒 2 ～ 3 分钟，加盐、黄酒即可。

萝卜片炒猪肝

热量：430kcal
蛋白质：49g
脂肪：19g
碳水化合物：18g

泰汁墨鱼丸

热量：140kcal
蛋白质：20g
脂肪：1g
碳水化合物：13g

泰汁墨鱼丸

材料：墨鱼肉 150 克，去皮荸荠、水发香菇各 20 克，鸡蛋 1 个（取蛋清）、芹菜叶少许。

调料：番茄酱、泰国鸡酱、蒜蓉、白醋、淀粉各适量，白糖少许，盐适量。

做法：①荸荠洗净切末；香菇切末。②墨鱼肉洗净剁蓉，加盐、荸荠末、香菇末、蛋清，略加水搅拌成糊。③将糊挤成丸子，逐个入沸水锅中，转大火氽 1 分钟，捞出码盘，盘底铺洗净的芹菜叶。④其他调料用水调匀，小火煮开，浇在鱼丸上。

五 妊娠期高血压，生活管理最重要

妊娠 20 周后，有些肥胖的产妇，既往得过妊娠期高血压，或有胎盘早剥病史，或不明原因出现血压升高、尿蛋白阳性，这样以妊娠期血压升高为主要症状的临床征候群，称之为妊娠高血压疾病。

轻度高血压：生活管理即可

收缩压≥ 140 mmHg 或舒张压≥ 90 mmHg，没有尿蛋白——单纯的妊娠期高血压。

暂时无须药物治疗，先从生活管理入手：

❶ 充足的睡眠，良好的心情，让病人心情放松。

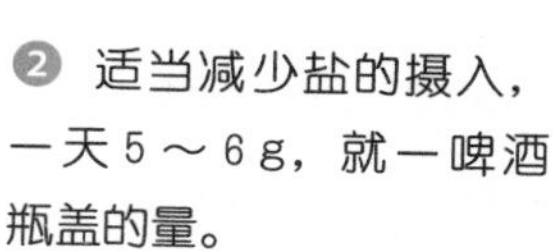

❷ 适当减少盐的摄入，一天 5 ～ 6 g，就一啤酒瓶盖的量。

❸ 饮食清淡，低脂肪为主，多食高纤维蔬菜水果，豆制品、乳制品等蛋白类食物少吃。以每公斤 1 g 蛋白为宜，即：50 kg 体重的孕妇每天进食 50 g 蛋白。

❹ 适当活动，避免体重增加过快。

❺ 密切关注血压和体重。

短期内体重增加过快、过多，都需要特别注意；出现水肿，也要注意。如果出现头晕头痛症状，或尿蛋白、腹部发紧阴道流血，都需要赶紧去医院住院治疗。

Tips：出现水肿要小心

有些妊娠高血压病人以水肿为主要症状，故以往把水肿作为诊断依据。但并不是所有病人都出现水肿，所以现在水肿并不是妊娠高血压的主要诊断依据。但如果出现水肿就要小心，密切监测血压。

饮食调理菜谱

素炒南瓜丁

材料：南瓜 450 克，胡萝卜 100 克，洋葱 100 克。

调料：葱蒜末、料酒、盐、植物油各适量。

做法：①南瓜去皮去瓤切块；胡萝卜、洋葱洗净，切块。②油锅烧热，放胡萝卜块、洋葱块炒到微软，再放南瓜块、料酒翻炒。③放葱蒜末炒香，加盐，翻炒均匀即可。

热量：234kcal
蛋白质：5g
脂肪：11g
碳水化合物：36g

玉米面粥

热量：197kcal
蛋白质：4.4g
脂肪：1.7g
碳水化合物：45g

材料：玉米面、红薯各 50 克。

调料：清水适量。

做法：①锅内加适量清水，红薯放锅里煮熟。②玉米面放凉水泡上，水不要多，没过玉米面即可，搅匀。③玉米面放入煮熟的红薯汤里，再次滚开冒泡 1 分钟左右就熟了。

笋菇粥

热量：182kcal
蛋白质：5.5g
脂肪：0.3g
碳水化合物：42g

材料：粳米 50 克，鲜笋 40 克，干香菇 5 克。

调料：盐适量，葱末少许。

做法：①粳米洗净，放入砂锅，加清水熬煮。②干香菇泡发洗净，切丝；鲜笋切丝后焯水，再倒入香菇丝同煮，八成熟后捞出。③待米粥黏稠后，放入香菇丝及笋丝，再煮 10 分钟，加盐调味，撒上葱末即可。

鲫鱼豆腐汤

热量：511kcal
蛋白质：55g
脂肪：28g
碳水化合物：13g

材料：鲫鱼 1 条 250 克，豆腐 300 克。

调料：料酒、葱花、姜片、盐、植物油各适量。

做法：①豆腐切成 5 毫米薄片，盐腌渍 5 分钟，沥干。②鲫鱼去鳞和内脏，抹上盐和少许料酒，腌渍 10 分钟。③锅内放油加热，爆香姜片，将鱼两面煎黄后加适量水，小火炖 25 分钟，再放入豆腐片，调味后撒上葱花。根据口味爱好也可撒上生菜碎末等。

金沙冬瓜条

材料：冬瓜 400 克，熟蛋黄 100 克。

调料：植物油、花椒、葱姜末、芝麻、淀粉、盐、料酒各适量。

做法：①冬瓜切成条，加盐拌匀；熟蛋黄压碎；芝麻炒熟。②冬瓜条裹上淀粉，入六成热的油中炸熟捞出，油温升高时再入锅炸至金黄色时捞起。③锅中留少许底油，下花椒、葱姜末及碎蛋黄煸炒一会儿，再下冬瓜条、料酒、盐，翻炒至熟，最后撒上熟芝麻即可。

热量：588kcal
蛋白质：17g
脂肪：54g
碳水化合物：12g

番茄炒花菜

材料：花菜、番茄各 200 克。

调料：植物油、鸡清汤、盐各适量。

做法：①花菜掰小朵，洗净，入沸水煮至七八成熟，捞出控水。②番茄用开水烫后去皮，切小块。③炒锅烧热，放入鸡清汤熬出味，倒入花菜、番茄，加盐翻炒几下，起锅即可。

热量：17kcal
蛋白质：5.5g
脂肪：11g
碳水化合物：16g

西瓜皮炒肉

热量：231kcal
蛋白质：18g
脂肪：15g
碳水化合物：9g

材料：西瓜皮 100 克，猪瘦肉 80 克，水发香菇 25 克，青、红柿子椒各半个。

调料：盐、生抽、植物油各适量。

做法：①西瓜皮去红瓤和硬皮，切丁；香菇、瘦肉、青、红椒分别洗净，切丁。②油锅烧至七成热，加猪瘦肉丁翻炒。③肉丁变色，加入西瓜皮丁，翻炒均匀，再倒入香菇丁与青、红椒丁，加盐翻炒。④大火炒 1 分钟左右，倒入生抽翻匀即可。

牛肉炖海带

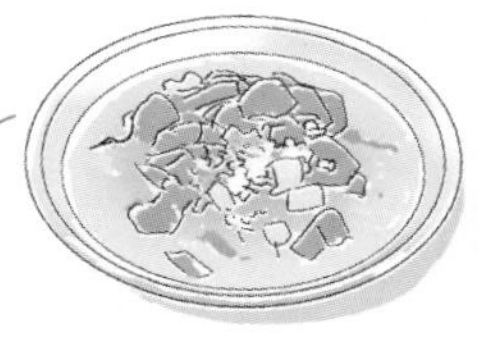

热量：992kcal
蛋白质：183g
脂肪：21g
碳水化合物：23g

材料：瘦牛肉 900 克，干海带 50 克。

调料：葱末、姜末适量，山楂、八角、桂皮、小茴香各少许，盐适量。

做法：①牛肉切大块，入清水中浸泡 20 分钟，洗去血水；干海带泡发，洗净后切成条。②砂锅中倒入清水，放牛肉块及包有葱末、姜末、山楂、八角、桂皮、小茴香的调味包，大火煮开，撇净浮沫。③放入海带条，转小火炖 1 小时，最后加盐调味，撒上葱末即可。高蛋白低脂肪食品，可每周食用 2 ～ 3 次。

适宜 2 ～ 3 人餐。

萝卜丝饼

材料：中筋面粉 2 杯 250 克，白萝卜丝半斤，胡萝卜少许。

调料：植物油、葱末、香油、盐各适量。

做法：①中筋面粉加水、油及盐拌匀后揉成面团，饧 20 分钟。②白萝卜丝加少许盐腌渍，挤干水分，加葱末、香油和成馅。③饧好的面团切成五等份，每份擀开包入馅，用掌心压成薄薄的圆饼。④平底锅烧热加油，将饼煎至两面金黄。制作饼 5 个，每餐 3 ～ 4 个为宜。

热量：1186kcal
蛋白质：38g
脂肪：27g
碳水化合物：212g

海带炒肉丝

热量：480kcal
蛋白质：52g
脂肪：25g
碳水化合物：11g

材料：瘦猪肉 250 克，鲜海带 100 克。

调料：盐、白糖、酱油、植物油、姜末各适量。

做法：①猪肉用清水洗净，顺着肉的纹理切成肉丝。②肉丝放入炒锅大火煸炒 4 分钟。③海带用清水浸软泡发，用水洗净后切成细丝，入锅；随即加入盐、白糖、酱油、植物油、姜末和少量清水，再以大火快炒 4 分钟，即可勾芡出锅。

热量：480kcal
蛋白质：9g
脂肪：11g
碳水化合物：90g

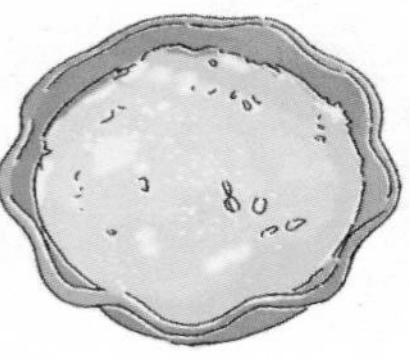

南瓜粥

材料：大米 100 克，南瓜 300 克。

调料：植物油、盐、葱花各适量。

做法：①大米淘净；南瓜洗净刮皮去瓤，切小块。②锅放油烧至七成热，下葱花炝锅后，放入南瓜块，煸炒 1 ～ 2 分钟后盛出。③锅加水烧开，下大米、南瓜块，大火煮开后，改用小火熬煮约 50 分钟，至米粒开花，南瓜块酥烂，汤汁浓稠，加盐搅匀即可。

热量：592kcal
蛋白质：23g
脂肪：21g
碳水化合物：81g

番茄打卤面

材料：挂面 100 克，番茄 100 克，鸡蛋 2 个。

调料：盐、酱油、植物油、水淀粉各少许。

做法：①鸡蛋打散；番茄洗净切块。②锅内放油烧热，倒入蛋液煸炒，成块盛出。③原锅加少许油，放番茄块，翻炒数下，加适量水，焖煮至七成烂。④加鸡蛋块，继续焖煮，直到番茄基本上化到汁液中后，加盐和少许酱油。⑤水淀粉芡后盛出。⑥锅内加水烧开，下挂面煮熟，捞出装碗后浇上卤汁。

六　妊娠期糖尿病，限糖重过吃药

妊娠糖尿病对母儿均有较大危害，必须引起重视：母亲容易发生流产、感染，或羊水过多等；胎儿则易出现畸形、发育受限、巨大儿等情况；新生儿容易发生呼吸窘迫综合征及低血糖。其对母儿的影响及影响程度，主要取决于糖尿病病情及血糖控制情况。

口服葡萄糖耐量试验

一般会在孕 24 ～ 28 周安排进行 OGTT，即口服葡萄糖耐量试验。它是一种妊娠糖尿病筛查试验，简称糖耐试验或糖筛，通过血液检测，来筛查孕妈妈是否有患妊娠期糖尿病的危险。如果检查确认孕妈妈有妊娠期糖尿病，就要通过饮食或合并注射胰岛素来控制。在国外也有用口服的降血糖药来治疗，但必须经医生评估后使用，以免造成胎儿畸形。

生活管理最重要

- 少量多餐，做到定时定量。
- 粗细粮搭配，品种多样。
- 增加膳食纤维：如魔芋、芹菜、扁豆、豆制品以及各种菇类。
- 注意进餐顺序：汤—菜—蛋白类—主食。
- 增加主食中的蛋白质。
- 适当运动，如果无产科禁忌证，建议每天餐后 30 分钟后适当运动。
- 适当吃点醋。
- 监测餐后血糖、体重和胎儿增长情况。
- 所摄入食物全部要计算热量。

妊娠糖尿病的孕妇餐后 2 小时血糖

- ＜ 6.7mmol/L，加餐可以吃水果；每日 200 克。
- ＞ 6.7 mmol/L，加餐用黄瓜、西红柿代替水果。每日 150 ～ 200 克。

测血糖的注意事项

- 酒精消毒、自然流出的血、血量要足；
- 胰岛素应用期间至少检测四次血糖，必须有加餐。

胰岛素测定值的解读方法

- 空腹等于正常值或低值；（空腹 3.3 ～ 5.3 mmol/L）
- 餐后 1 小时达到最高峰为正常值的数倍；
- 餐后 2 小时下降，3 小时略高于空腹。（餐后 2 小时 4.4 ～ 6.7 mmol/L）

了解升糖指数（GI）

不同的食物有不同的升糖指数，通常把葡萄糖的血糖生成指数定为100。升糖指数 >70 为高升糖指数食物，进入胃肠后消化快，吸收率高，转化为葡萄糖的速度快，血糖迅速升高；升糖指数 <55 为低升糖指数食物，在胃肠中停留时间长，吸收率低，转化为葡萄糖的速度慢，血糖升高慢，人体有足够时间调动胰岛素的释放和合成，使血糖不至于飙升。

低升糖指数食物（GI 55 或以下）

五谷类：藜麦、全蛋面、荞麦面、粉丝、黑米、黑米粥、粟米、通心粉、藕粉；

蔬菜： 魔芋、大白菜、黄瓜、芹菜、茄子、青椒、海带、鸡蛋、金针菇、香菇、菠菜、番茄、豆芽、芦笋、花椰菜、洋葱、生菜；

豆类： 黄豆、眉豆、鸡心豆、豆腐、绿豆、扁豆、四季豆；

水果： 苹果、水梨、橙、桃、提子、沙田柚、雪梨、柚子、草莓、樱桃、金橘、葡萄；

奶类：牛奶、低脂奶、脱脂奶、低脂乳酪；

糖及糖醇类：果糖、乳糖、木糖醇、麦芽糖醇。

高升糖指数食物（GI 70 或以上）

五谷类： 白饭、馒头、油条、糯米饭、白面包、燕麦片、拉面、炒饭、爆米花；

肉类：贡丸、肥肠、蛋饺；

蔬菜：薯蓉、南瓜、焗薯；

水果：西瓜、荔枝、龙眼、凤梨、枣；

糖及糖醇类： 葡萄糖、砂糖、麦芽糖、汽水、柳橙汁、蜂蜜。

中升糖指数食物（GI 56–69）

五谷类：红豆米饭、糙米饭、西米、乌冬、麦包、麦片；

蔬菜： 番薯、芋头、莲藕、牛蒡；

肉类：鱼肉、鸡肉、鸭肉、猪肉、羊肉、牛肉、虾子、蟹；

奶类：奶油、炼乳、鲜奶精；

水果：木瓜、提子、菠萝、香蕉、芒果、哈密瓜、奇异果、橙。

糖及糖醇类： 蔗糖、红酒、啤酒、可乐、咖啡。

Tips：膳食日志记录的内容

复诊医生会要求带上膳食日志。膳食日志记录方法：记录每餐具体内容，如一片面包 40 g，一杯牛奶 250ml 等，记录血糖监测时间及数值，记录运动时间，每周至少测量并记录 1～2 次体重。一定要注意饮食结构合理，定时定量，不要以牺牲营养为代价换取满意的血糖值或体重数字。

清炒蚕豆

热量：2034kcal 蛋白质：108g
脂肪：45g 碳水化合物：308g

材料：鲜蚕豆 500 克，香油 40 克。

调料：碎葱、蒜蓉少许，盐少许。

做法：①油烧至八成热，放碎葱，然后下蚕豆翻炒。炒时火要大，使蚕豆充分受热。②加水焖煮，水的高度与蚕豆持平。为保持蚕豆的青绿，嫩蚕豆焖的时间不必太长。蚕豆起“黑线”后，可多加些水，盖锅时间也要长一些。③当蚕豆表皮裂开后加盐，撒上蒜蓉盛盘。高热量，每日 50 ～ 100 克为宜。

蒜蓉空心菜

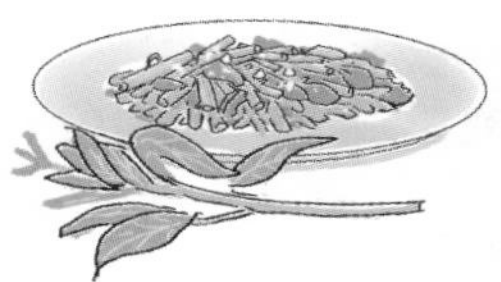

热量：150kcal
蛋白质：11g
脂肪：11g
碳水化合物：20g

材料：空心菜 500 克，葱末、蒜末各 15 克。

调料：盐、香油、植物油各适量。

做法：①空心菜择洗干净，沥干水分。②炒锅置大火上，加植物油烧至七成热时，下入葱末、蒜末煸炒片刻。③下空心菜炒至刚断生时，加盐翻炒，淋上香油，盛盘即可。

牛奶蛋

热量：220kcal
蛋白质：14g
脂肪：14g
碳水化合物：11g

材料：鸡蛋 1 个 60 克，牛奶 1 杯 200 克。

做法：①鸡蛋的蛋白与蛋黄分开，把蛋白打至起泡备用。②锅内加入牛奶、蛋黄，混合均匀，用微火煮一会儿，再用勺子一勺一勺地把打好的蛋白放入牛奶蛋黄锅内稍煮即可。

木耳西瓜皮

热量：180kcal 蛋白质：6g
脂肪：6g 碳水化合物：36g

材料：西瓜皮 500 克，黑木耳 30 克。

调料：香油适量。

做法：①削去西瓜硬皮，洗净，切片。②黑木耳用温水泡发，用开水略烫，沥干水分。③西瓜皮、黑木耳放入盘内拌匀，加入香油，调拌均匀即可。

蒜泥菠菜

热量：160kcal
蛋白质：11g
脂肪：7g
碳水化合物：26g

材料：菠菜 400 克，水发银耳、蒜头各 50 克，葱、姜各适量。

调料：醋、盐、香油各少许。

做法：①菠菜去根洗净，切段；蒜头去皮，捣成泥；葱、姜切丝。②醋、香油、盐和蒜泥一同拌匀，调成卤汁。③取锅加水，放入菠菜段稍焯一下，捞出，过凉，用手挤去水分放盘内，加银耳、葱姜丝，倒入调好的卤汁，拌匀即可。

蒜香茄子

热量：213kcal
蛋白质：4.1g
脂肪：16g
碳水化合物：19g

材料：茄子 400 克，大蒜 5 瓣。

调料：植物油 10 克，豆瓣酱适量。

做法：①茄子去柄和皮，切小块，凉水泡 5 分钟，捞出沥干；大蒜去皮切片。②锅内倒油烧至八成热，放茄块，炒至茄子变软烂盛出。③锅内倒油烧热，大火炒香豆瓣酱，然后倒入茄子，炒入味后放蒜片，闻到蒜香后起锅。

鱼香苦瓜

热量：172kcal
蛋白质：3.2g
脂肪：11g
碳水化合物：21g

材料：苦瓜 400 克。

调料：植物油 10 克，酱油、盐、醋、豆瓣酱、葱、姜、蒜、肉汤各适量。

做法：①苦瓜洗净去子，切细丝；葱、姜切细丝；蒜剁细末。②炒锅加油烧热，放苦瓜丝，煸炒至略熟，盛出。③锅内另放油烧热，将豆瓣酱和苦瓜丝放入合炒，再加酱油、盐、醋、葱姜丝、蒜末炒匀，最后用肉汤勾稀芡，颠匀出锅。

青红开胃鱼

热量：446kcal 蛋白质：49g
脂肪：26g 碳水化合物：6g

材料：鲜鱼 1 条 500 克，青红柿子椒、番茄各适量。

调料：植物油 10 克，盐、料酒、啤酒、酱油、蚝油、葱、姜、鸡汤、香油各少许。

做法：①鱼洗净去五脏，番茄、青红椒洗净切成块。②锅内放油烧热，放入鱼煎一下。③煎好的鱼，加入葱、姜、青红椒块、啤酒、蚝油、料酒、酱油、盐、鸡汤大火焖 5 分钟，开锅后加入番茄块、香油即可。

豆腐鲫鱼

热量：680kcal
蛋白质：89g
脂肪：33g
碳水化合物：8.5g

材料：鲫鱼 600 克，豆腐 200 克。

调料：植物油 10 克，豆瓣、姜末、蒜末、料酒、葱粒、盐、醋、高汤、生粉、各适量。

做法：①鲫鱼洗净；豆腐切条后放盐开水中汆透捞起。②锅内放油烧至四成热，放豆腐条、姜蒜末，出色、出味后，放高汤，沸后稍熬，撇去浮沫。③鱼入锅，下料酒、醋、盐等，改小火炖 3 ～ 5 分钟；烧制入味且鱼已离骨时起锅。④锅中留原汁，下生粉，待汁稠且发亮下葱粒，推匀淋于鱼和豆腐条上。

苹果沙拉

热量：190kcal
蛋白质：4g
脂肪：4.4g
碳水化合物：36g

材料：苹果 2 个 600 克。

调料：牛奶 100 克，适量。

做法：①苹果洗净，去皮、去核，切成滚刀块。②苹果块放入玻璃盘内，倒上牛奶拌匀，即可食用。

番茄排骨汤

热量：1100kcal 蛋白质：76g
脂肪：84g 碳水化合物：13g

材料：番茄 2 个 100 克，排骨 600 克，圆白菜 50 克。

调料：番茄酱适量，盐、芡汁各少许。

做法：①排骨洗净，汆烫，除血水后冲洗干净，另将适量水烧开，放入排骨煮烂。②圆白菜洗净，切成小块，放入排骨中同煮，最后，放入番茄、番茄酱、盐调味。③煮至所有材料熟软微烂时，加入芡汁勾芡，汤汁黏稠时即关火盛出。高热量高脂肪，建议 3 ～ 4 人餐。

牛乳粥

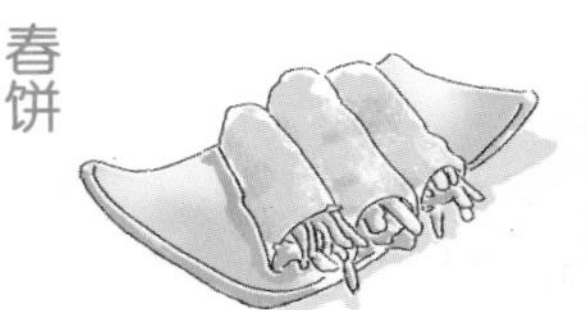

热量：305kcal
蛋白质：11g
脂肪：8g
碳水化合物：48g

材料：大米 50 克，新鲜牛乳 1 杯。

调料：清水适量。

做法：①大米淘洗干净，入锅内加适量清水，熬煮至八成熟。②牛乳倒进去煮至米粒熟烂，盛碗即可。

青菜烫饭

热量：633kcal
蛋白质：25g
脂肪：29g
碳水化合物：70g

材料：米饭 250 克，油菜 150 克，火腿肉 100 克。

调料：虾皮、盐各适量。

做法：①油菜洗净切成小碎丁，火腿肉切成丁。②米饭倒入锅中，加水（没过米饭），用大火烧开，然后将油菜丁、火腿丁、虾皮放入锅中一起炖，撒上盐拌匀，待水少于米饭表面时即可关火出锅。

春饼

热量：1940kcal
蛋白质：62g
脂肪：23g
碳水化合物：375g

材料：面粉 500 克。

调料：开水、植物油各适量。

做法：①在面粉中倒入开水烫面，揉成面团，饧 20 ～ 30 分钟。②面团搓长条，下剂子；剂子揉圆压扁，刷一层薄油，将两个剂子重叠按压在一起，擀成薄薄的圆饼。③平底锅加油小火烧热，放入擀好的饼，盖上锅盖烤 30 秒翻面，再盖锅盖 30 秒，两面烤熟后即可。一张春饼从中间揭开就变成两张了，码入配菜卷起即食。薄饼 35 ～ 40 张，配菜食用，适宜 3 ～ 4 人餐。

鸡汤烫饭

热量：312kcal
蛋白质：11g
脂肪：6g
碳水化合物：54g

材料：米饭 200 克，鸡汤适量。

调料：香菜、盐、胡椒粉各少许。

做法：①米饭倒入蒸锅中，倒入鸡汤，以没过米饭为宜，大火烧开后加入盐、胡椒粉调匀，再蒸一会儿。②香菜择洗干净，切成末，待米饭蒸好后，撒上即可。

功效：营养丰富，可益气养肺，还可以起到缓解感冒症状、降低血糖、提高人体免疫功能的作用，是孕妇补充营养元素的较佳主食之一。

Day 1 餐单

进入孕中期，孕吐已经自行消失，孕妈妈迎来孕期难得的好胃口。这段时间，腹中宝宝的生长发育也进一步加快，需要的营养也越来越多。孕妈妈应注意在均衡饮食的基础上，减少高脂肪、高热量的食品，适量增加富含维生素食物的摄取。少吃寒凉食物，不需要额外进补，只要按饮食的内容正确选择及分量上适量摄取，或者改成自行烹煮简单菜肴即可。

孕妈妈胃口大开，胎宝宝的营养需求也加大了。但再好吃、再有营养的食物也不能一次吃得过多、过饱，或一连几天大量吃同一种食品。

早餐：猪肝粥＋鲜肉包＋橙子　　加餐：核桃适量

午餐：米饭＋铁板牛柳＋青红豆腐干＋菠菜鸭血汤　　加餐：果汁＋老婆饼

晚餐：海鲜粉丝煲＋鲜菇熘芥菜＋三色蛋　　加餐：牛奶

“想吃对身体好的食物”，许多人都有这个意识。但我们一定要清除所谓的“只要吃 ××× 就可以保持健康”，“用 ××× 就可以摆脱身体一切的不适”等。这些万能食品是根本不存在的。每个人都要根据自己的健康状态和生活环境而定，尤其是孕妈妈。

从孕中期开始，孕妈妈会经常觉得饿，甚至会在大半夜爬起来找东西吃。那么，最适合孕期加餐的食物有哪些？主要有水果类、点心类和干果粗粮类。水果可以变着花样多吃一些品种，但性寒凉的水果少吃。点心类的食品，面包、馒头比饼干好。新鲜出炉的面包和蛋糕保质期短，相对而言添加剂也要少很多。越简单的品种添加剂越少，像包子、馒头、花卷、饺子等，也可以作为加餐。常见的干果如核桃、瓜子、花生、板栗、榛子、腰果、松仁等，营养价值高，很适合孕妈妈吃。

热量：764kcal
蛋白质：49g
脂肪：10g
碳水化合物：130g

铁板牛柳

铁板牛柳

材料：牛柳，西兰花块、洋葱丝、豆豉各150克，鸡蛋1只。

调料：料酒、老抽、糖、盐、清汤、姜蒜末、香菜末、青红柿子椒末、面粉、植物油各适量。

做法：①锅内加入少量油，放姜蒜末、香菜末、豆豉、面粉、青红椒末、糖、盐，炒香，加适量清汤拌匀成酱汁。②牛柳顶刀切厚片，加酒、老抽、鸡蛋、油拌匀，放冰箱腌制3小时。③锅内加油烧热，放牛柳滑炒熟。④铁板烧热，放洋葱丝、西兰花和牛肉片，浇上酱汁。

猪肝粥

材料：新鲜猪肝200克，大米100克，菊花少许。

调料：姜汁、姜丝、植物油、米酒、盐、糖、胡椒粉各适量。

做法：①猪肝冲洗15分钟左右，沥干水分切片。②切好的猪肝片加入姜汁、植物油、米酒、盐、糖、胡椒粉拌匀，稍腌渍。③大米淘净，入锅熬煮成粥，放入姜丝和腌好的猪肝，煮熟后调味，放上菊花，稍煮即可。

热量：690kcal
蛋白质：46g
脂肪：18g
碳水化合物：88g

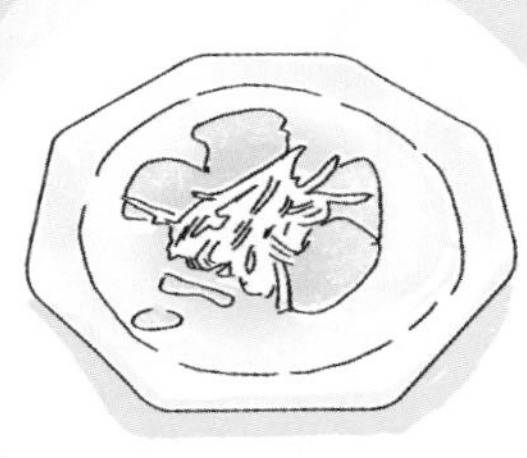
猪肝粥

热量：456kcal
蛋白质：42g
脂肪：19g
碳水化合物：34g

青红豆腐干

材料：豆腐干250克，大蒜叶、青红柿子椒各少许。

调料：盐、香油、酱油、淀粉各适量。

做法：①豆腐干切片，青红椒切圈，大蒜叶切段。②锅内加水煮开，豆腐干入水汆烫一下捞出控水。③炒锅加油烧热，下豆腐干、青红椒、大蒜叶煸炒，加入调料翻炒均匀，最后淋上香油即可。

青红豆腐干

菠菜鸭血汤

材料：鸭血50克，菠菜60克，枸杞子10克。

调料：盐、高汤各适量。

做法：①菠菜洗净，切成段；鸭血切成片；枸杞子泡发，洗净。②锅内放高汤，烧沸后，下鸭血、枸杞子，炖煮，将熟时放入菠菜，加盐调味后再煮片刻，即可。

热量：70kcal
蛋白质：9g
脂肪：0.4g
碳水化合物：9g

菠菜鸭血汤

海鲜粉丝煲

热量：375kcal
蛋白质：15g
脂肪：16g
碳水化合物：43g

海鲜粉丝煲

材料：虾仁、文蛤各 100 克，粉丝 50 克。

调料：姜片、葱段、盐、蚝油、米酒、胡椒粉、植物油各适量。

做法：①文蛤入水，加少许盐，使其吐沙；粉丝清水浸泡 20 分钟，捞出备用；虾仁挑去沙线洗净；姜切片；葱切段。②锅内加油烧热，下葱段、姜片爆香，放文蛤、虾仁翻炒，烹入米酒，淋蚝油，撒胡椒粉，加盖焖 2 分钟，再放粉丝，煮至粉丝熟透，加盐调味。

三色蛋

材料：鸡蛋、皮蛋、咸鸭蛋各 3 个。

调料：盐少许。

做法：①皮蛋、咸鸭蛋各切成小丁，打入鸡蛋白，再加入调味料拌匀，倒入铺有油纸的模具中，放进蒸具中蒸至九成熟（约 7 分钟）取出。②再倒入打散的鸡蛋黄蒸至全熟（约 3 分钟），取出放凉切片即可。每日每人 1 ～ 2 个为宜。

三色蛋

热量：724kcal
蛋白质：56g
脂肪：49g
碳水化合物：14g

鲜菇熘芥菜

热量：324kcal
蛋白质：6g
脂肪：26g
碳水化合物：23g

鲜菇熘芥菜

材料：鲜香菇 3 朵，芥菜心 1 棵 300 克，葱 1 根 50 克。

调料：盐、高汤、水淀粉、香油各少许。

做法：①香菇洗净，入开水中煮至断生，切成斜片；芥菜心洗净，削成叶片状，葱洗净，切成末备用。②锅中加一大勺油烧热，下入葱末爆香，加一杯高汤，放入芥菜心、香菇、盐煮熟，水淀粉勾芡，最后淋上香油即可出锅。

老婆饼

老婆饼

热量：7725kcal 蛋白质：136g
脂肪：370g 碳水化合物：968g

材料：中筋面粉 1000 克，生油 330 克。

调料：糯米粉 200 克，黄油 20 克，白糖 250 克，枸杞、葡萄干、蛋黄液、水、黑芝麻各适量。

做法：①面粉一半，生油 80 克，水 200 克揉成面团，饧 10 分钟。②面粉另一半，生油 250 克，揉成面团，包上前面的面团擀叠 3 次，卷成长条，下剂。③糯米粉、白糖、黄油、枸杞、葡萄干拌匀成馅。④剂子擀皮包馅，揉成圆形，撒黑芝麻，按压成扁圆，摆盘；牙签扎小孔，刷蛋液，置烤箱 180℃烤熟。可制作 60 个饼。高糖高热量食品，不宜多吃。每日 2 ～ 3 个为宜。

Day 2 餐单

如果有轻微的胃酸反应，可以少吃一些薯类、豆类以及糖类，多煮一些粥。粥有中和胃酸的作用，早晨吃粥还养胃。少吃高糖类食物，这些食物容易使你体重超标，诱发妊娠糖尿病。

早餐：猪血粥＋红薯烧饼＋香蕉

加餐：鱼香蒸蛋

午餐：米饭＋葱油乳鸽＋木耳炒腐竹

加餐：酒酿枸杞鹌鹑蛋

晚餐：腊肉炒饭＋韭菜炒豆芽＋竹筒枸杞双菇汤

加餐：牛奶

鱼类是动物性食物的首选。人类脑组织是全身含磷脂最多的组织，从孕 20 周开始，胎儿脑细胞分裂加快加速，作为脑细胞结构和功能成分的磷脂需要量增加，而磷脂上的长链多不饱和脂肪酸如花生四烯酸（ARA）、二十二碳六烯酸（DHA）为脑细胞生长和发育所必需。

胎儿发育所需要的 ARA、DHA 在母体体内可分别由必需脂肪酸亚油酸和 α－亚麻酸合成，也可由鱼类、蛋类等食物直接提供。大量研究证实，孕中、末期妇女缺乏 ARA、DHA，其血浆中 ARA、DHA 水平会下降。此外，鱼类的脂肪含量相对较低，选择鱼类可避免因孕中、末期动物性食物摄入量增加而引起的脂肪和能量摄入过多等问题。因此将鱼类排在动物性食物首位，充分考虑到孕中期以及末期对 n−3 多不饱和脂肪酸的特别需要。

竹筒枸杞双菇汤

热量：112kcal 蛋白质：8g
脂肪：4.5g 碳水化合物：14g

材料：白玉菇 80 克，干香菇 10 克，枸杞 5 克。

调料：鲜奶油 100 克，姜丝少许，盐适量，葱末、青色菜叶各少许。

做法：①干香菇、枸杞清水泡发；白玉菇入盐水中浸泡十几分钟，清洗干净。②白玉菇、香菇、枸杞、姜丝放入竹筒，倒入凉白开水和鲜奶油。③盖上菜叶，入蒸锅，大火蒸 40 分钟，去掉菜叶，加盐再蒸 5 分钟，出锅后撒葱末。

葱油乳鸽

热量：591kcal
蛋白质：19g
脂肪：57g
碳水化合物：0g

材料：乳鸽 2 只 300 克。

调料：葱末、料酒、啤酒各少许，酱油、盐、白糖、胡椒粉、姜、高汤各适量。

做法：①乳鸽洗净，控水，抹上酱油、料酒，入炒锅炸透后捞出。②乳鸽放盆内，加入所有调料，入蒸笼蒸熟，取出切成块，按原形摆入盘中。③炒锅内加油烧热，入葱末爆香，倒入适量蒸鸽的原汤，浇在盘中即可。

腊肉炒饭

热量：746kcal 蛋白质：21g
脂肪：50g 碳水化合物：56g

材料：米饭 200 克，腊肉 50 克，鸡蛋 1 个，卷心菜、葱花各适量。

调料：油、盐、胡椒粉各少许。

做法：①卷心菜择洗干净，切丁；腊肉切丁；鸡蛋打散。②锅内加油烧热，倒入蛋汁，炒成小块。③锅内另加油，下葱花爆香，加腊肉丁翻炒。④腊肉快熟时，加米饭、卷心菜炒至米饭散开，加盐调味，最后撒上少许胡椒粉。

木耳炒腐竹

材料：木耳 50 克，腐竹 100 克，胡萝卜少许。

调料：植物油、盐、料酒、香油、白糖、葱、姜各适量。

做法：①腐竹用热水泡开，入沸水中烫软，捞出控水，切成片；胡萝卜洗净，切成片；木耳泡发，撕成小块；葱、姜切成片。②炒锅加油烧热，入葱片、姜片爆香，下入腐竹片、木耳块、胡萝卜片翻炒，烹入调料继续翻炒，最后淋少许香油，出锅即可。

热量：570kcal 蛋白质：46g
脂肪：32g 碳水化合物：30g

红薯烧饼

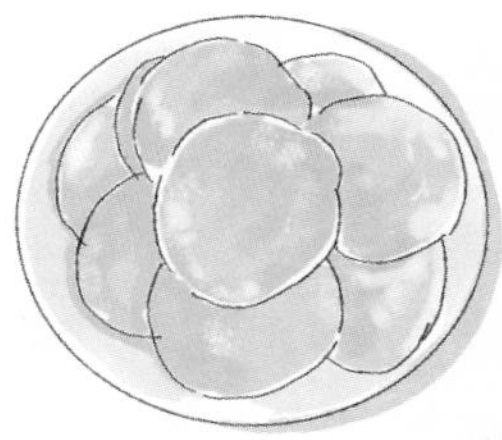

热量：1820kcal 蛋白质：43g
脂肪：45g 碳水化合物：334g

材料：红薯 950 克，面粉 150 克，芝麻 50 克。

调料：植物油适量。

做法：①红薯洗净去皮，切成小块上锅蒸熟。②蒸熟的红薯用勺子压泥，晾凉。③放入面粉揉成面团，用保鲜膜裹住，放入冰箱冷藏 20 分钟。④取出红薯面团，取适量揉圆后再压成圆饼状，撒些芝麻，压平。⑤锅中放玉米油烧热后，放入红薯饼坯，小火煎熟即可。可制作饼 20 个。高糖高热量食品，每日每人食用 2 个为宜。

酒酿枸杞鹌鹑蛋

热量：198kcal
蛋白质：11g
脂肪：10g
碳水化合物：17g

材料：鹌鹑蛋 100 克。

调料：枸杞子、酒酿、冰糖、水淀粉各适量。

做法：①鹌鹑蛋入锅内加水煮熟，捞出去壳。②枸杞子放碗内用 40 度左右的温水泡发，待用。③酒酿放入锅内，加适量冰糖，然后放入枸杞子、鹌鹑蛋，一起煮开，用水淀粉勾芡后即可食用。

猪血粥

热量：280kcal
蛋白质：22g
脂肪：1.3g
碳水化合物：50g

材料：猪血 100 克，新鲜菠菜 250 克，粳米 50 克。

调料：食盐、葱、姜各适量。

做法：①猪血放入开水中稍煮片刻，捞出切成小块。②新鲜菠菜洗净放入开水中烫 3 分钟，捞出切成小段。③猪血块、菠菜段及粳米放入锅中，加适量清水煮，熟后放入适量食盐、葱、姜调味即可。

鱼香蒸蛋

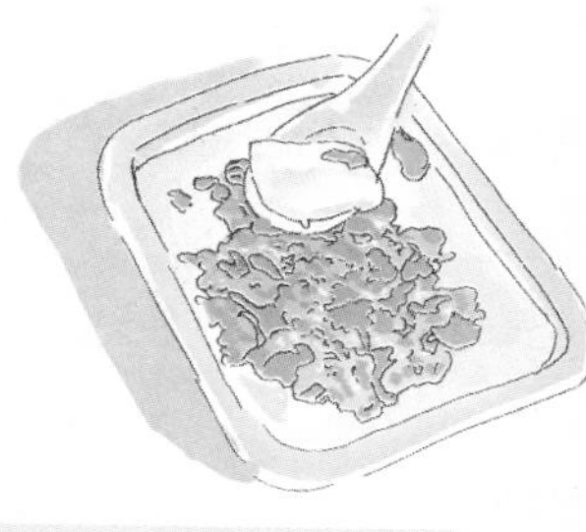

热量：458kcal 蛋白质：33g
脂肪：33g 碳水化合物：9g

材料：鸡蛋 4 个，肉馅 50 克，水发木耳 10 克。

调料：葱花、姜末、蒜末、豆瓣酱、盐、白糖、醋、香油、水淀粉各适量。

做法：①鸡蛋打散，加盐、少许水拌匀；木耳切碎。②鸡蛋液放蒸锅中，小火蒸熟。③炒锅倒油烧热，下肉馅炒散；再放蒜末、姜末、豆瓣酱炒香，加盐、白糖、少量水煮开；放入木耳再次煮开，水淀粉勾芡，淋醋、香油，撒葱花，制成鱼香汁，淋在蒸蛋上。

Day 3 餐单

可以适当多吃芹菜、萝卜等富含粗纤维的蔬菜或水果，不仅清洁口腔，还能锻炼牙齿、按摩牙龈。要少吃含咖啡因的饮料和食物，会影响胎儿大脑、心脏、肝脏等器官的发育；辛辣食物会引起便秘，含有添加剂和防腐剂的食物可能导致畸胎和流产，都要少吃。

早餐：什锦粥＋鲜肉包＋橙子

加餐：腰果适量

午餐：米饭＋五彩鸡蛋＋丝瓜汤＋凉拌海带

加餐：果汁＋蛋糕

晚餐：金银饭＋核桃鳕鱼＋清炒油麦菜＋番茄鸡蛋汤

加餐：牛奶

孕妈妈可以多喝牛奶。奶或奶制品富含蛋白质，对孕期蛋白质的补充具有重要意义。同时，奶或奶制品也是钙的良好来源。由于中国传统膳食不含或少有奶制品，每日膳食钙的摄入量仅 400mg 左右，远低于建议的钙适宜摄入量。从孕中期开始，每日至少摄入 250ml 的牛奶或相当量的奶制品及补充 300mg 的钙，或喝 400 ～ 500ml 的牛奶，以满足钙的需要。此外，牛奶的磷、钾、镁等矿物质的搭配也十分合理，非常容易被吸收。

由于孕期对多种微量营养素需要的增加大于能量需要的增加，通过增加食物摄入量以满足微量营养素的需要极有可能引起体重过多增长，并因此会增加发生妊娠糖尿病和出生巨大儿的风险。因此，孕妈妈应密切监测自己的体重，并根据体重增长的情况适当调整每日菜谱。

适量的运动也是控制体重的有效手段。可以根据自身的情况每天至少进行 10 ～ 30 分钟的低强度身体活动，最好是 30 ～ 60 分钟的户外活动，如散步、游泳、韵律操等。适宜的身体活动有利于维持体重的适宜增长和自然分娩，户外活动还有助于改善维生素 D 的营养状况，促进胎宝宝骨骼的发育和孕妈妈自身的骨骼健康。

热量：570kcal
蛋白质：33g
脂肪：4g
碳水化合物：105g

什锦粥

什锦粥

材料：大米 100 克，鸡脯肉、绿豆各 50 克。

调料：盐、胡椒粉各适量。

做法：①鸡脯肉切丁，加盐腌 5 分钟；绿豆放清水中浸泡半天。②大米淘洗干净，和绿豆一起入锅，加适量清水煮开，转小火煮至九成熟时，加鸡肉丁，煮至熟烂，加少许胡椒粉、盐调味即可。

丝瓜汤

材料：丝瓜 200 克，鸡蛋 2 个。

调料：香油、盐、植物油各少许。

做法：①丝瓜去皮、洗净，切成滚刀片；鸡蛋打入碗内，搅拌均匀。②炒锅放火上，加入植物油，热后倒入丝瓜片，煸炒片刻后放入盐，然后加适量清水，水开后，倒入鸡蛋液，加入香油即可。

热量：216kcal
蛋白质：13g
脂肪：15g
碳水化合物：8g

丝瓜汤

热量：512kcal
蛋白质：60g
脂肪：25g
碳水化合物：14g

五彩鸡块

五彩鸡块

材料：鸡脯肉 300 克，土豆、青红柿子椒各 1 个，番茄 3 个。

调料：植物油、盐、五香粉、料酒各适量。

做法：①鸡脯肉洗净切块，放盐、五香粉、料酒腌渍；番茄开水烫过后去皮，切碎入锅熬成酱；土豆去皮洗净，切小块；青柿子椒、红辣椒洗净，去蒂切菱形。②炒锅放油烧热，下鸡块滑炒至八成熟盛出。③原锅留底油，放土豆块煸至八成熟，下鸡块，倒水盖盖焖熟，倒入番茄酱、青红柿子椒块翻炒片刻出锅。

热量：84kcal
蛋白质：3g
脂肪：5g
碳水化合物：9g

凉拌海带

材料：海带 250 克。

调料：红柿子椒丝，香菜各少许，蒜末、香油、盐各适量。

做法：①海带洗净，切成长约 3 厘米的细丝，入沸水焯一下，捞出后盛入碗中，加蒜末、香油、盐拌匀。②香油入锅烧热，投入红椒丝略炒，盖在海带丝上，撒上香菜即可。

凉拌海带

番茄鸡蛋汤

热量：243kcal
蛋白质：19g
脂肪：15g
碳水化合物：10g

材料：鸡蛋 3 个，番茄 2 个。

调料：姜片、盐各少许。

做法：①番茄洗净切成块，鸡蛋打入碗中拌匀。②锅中加适量水，放入生姜 2 片一起煮。③水开后加番茄，再开转小火将鸡蛋倒入，加盐调味即可。

番茄鸡蛋汤

清炒油麦菜

热量：130kcal
蛋白质：3g
脂肪：11g
碳水化合物：10g

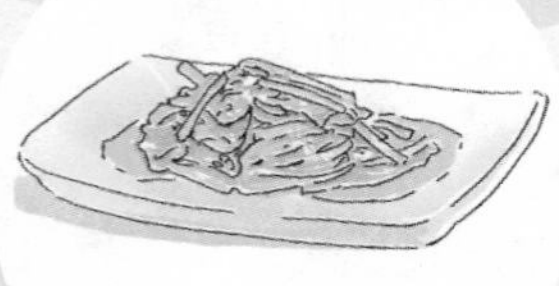

清炒油麦菜

材料：油麦菜 300 克。

调料：植物油、蒜末、盐、白糖各少许。

做法：①油麦菜洗净，切成小段。②炒锅大火烧热，加蒜末煸出味，下油麦菜快速翻炒，加盐和少许白糖，翻炒几下，起锅即可。

金银饭

材料：大米 150 克，小米、红薯各 100 克。调料：水适量。

做法：①大米、小米淘洗干净，红薯去皮，切成小方块。②锅内加适量清水，下大米、小米，大火烧开后转小火慢熬，待米饭七八成熟时，下入切好的红薯块，焖熟即成。

金银饭

热量：793kcal
蛋白质：23g
脂肪：4g
碳水化合物：170g

核桃鳕鱼

热量：360kcal
蛋白质：74g
脂肪：7g
碳水化合物：1g

材料：鳕鱼 400 克，核桃仁 2 个。

调料：葱丝、姜丝、盐、红柿子椒丝、料酒各适量。

做法：①鳕鱼洗净；核桃仁切成碎末。②鳕鱼放盘内，铺葱丝、姜丝、红椒丝，再撒核桃末，放入锅中隔水大火蒸约 10 分钟。③把盐和料酒加在蒸好的鳕鱼上，再用大火蒸 4 分钟，取出即可。

核桃鳕鱼

Day 4 餐单

红糖中钙的含量比同量的白糖多 2 倍，铁质比白糖多 1 倍，还有人体所需的多种营养物质，有益气、补中、化食和健脾暖胃等作用，而白糖还会消耗钙，且易使人发胖，孕妈妈可以多用红糖来代替白糖哦。

早餐：豆浆 + 南瓜饼 + 苹果

加餐：果仁适量

午餐：煮米粉 + 海带炖豆腐 + 土豆泥

加餐：果汁 + 拔丝红薯

晚餐：米饭 + 凉拌芹菜叶 + 山药炖鸭 + 家常豆腐

加餐：牛奶

鱼、禽、蛋、瘦肉是优质蛋白质的良好来源，其中鱼类除了提供优质蛋白质外，还可提供 n−3 多不饱和脂肪酸（如二十二碳六烯酸），这对孕 20 周后胎儿脑和视网膜功能发育极为有利。蛋类尤其是蛋黄，是卵磷脂、维生素 A 和维生素 B_2 的良好来源。建议从孕中、末期每天还吃 1 个鸡蛋。鱼类作为动物性食物的首选，每周最好能摄入 2 ～ 3 次。除食用加碘盐外，每周至少进食一次海产品，以满足孕期碘的需要。

孕期母体摄入碘不足，可造成胎儿甲状腺激素缺乏，出生后甲状腺功能低下，不但生长缓慢，身材矮小，更严重的是会导致孩子的中枢神经系统和听神经受到损害，尤其是影响大脑的发育，出现呆傻、聋哑、痉挛性瘫痪、先天性克汀病、甲状腺肿大等畸形。若不能及时发现和治疗，将对孩子产生不可逆转的损害。含碘最高的食物为海产品，如海带、紫菜、鲜带鱼、蚶干、蛤干、干贝、淡菜、海参、海蜇、龙虾等。另外，蛋类、奶类含碘量也比较高，其次为肉类，淡水鱼的含碘量低于肉类。

煮米粉

热量：489kcal 蛋白质：15g
脂肪：6g 碳水化合物：95g

材料：草虾 3 尾，虾米、栗子、油豆腐、鱼丸、豆芽菜、水煮蛋各适量，米粉 100 克。

调料：红葱头、大蒜、姜、红甜椒、咖喱粉、虾酱、鸡汤、盐、胡椒粉、植物油各少许。

做法：①虾米、栗子、红葱头、大蒜、姜、红椒、咖喱粉、虾酱打成泥状；油豆腐切片。②炒锅加油烧热，把泥状材料炒香，加鸡汤、盐、胡椒粉转中火煮沸后，放入草虾、油豆腐片、鱼丸煮熟，再加米粉煮熟。③加烫熟的豆芽菜和水煮蛋即成。

南瓜饼

热量：1761kcal
蛋白质：34g
脂肪：17g
碳水化合物：387g

材料：南瓜 500 克，枣泥 150 克，瓜子仁 30 克，糯米粉 250 克。

调料：白糖 60 克，植物油适量。

做法：①南瓜洗净去外皮，上蒸笼蒸熟后捣成泥，加入少许糯米粉拌匀，擀成小圆片。②在小圆片上放上枣泥、瓜子仁、糖，先把馅包好，再捏成小圆饼。③平底锅中加适量油烧热，把小饼放进去烙熟，至两面呈金黄色时，取出装盘即可。 可制作南瓜饼 20 个，高热量食物，每日食 1 ～ 2 个为宜。

海带炖豆腐

热量：310kcal
蛋白质：17g
脂肪：23g
碳水化合物：15g

材料：豆腐 200 克，海带 100 克。

调料：姜、葱各少许，盐、植物油各适量。

做法：①海带泡发洗净后切成菱形；豆腐切大块，放沸水中煮片刻，捞出晾凉，切成小丁；姜、葱洗净切末。②锅中放油烧热，放入葱、姜末煸香，再放入切好的豆腐和海带，加入清水大火烧沸，再改为小火煮炖，加入盐调味，炖至海带、豆腐入味，出锅即可。

土豆泥

材料：土豆 2 个 200 克，猪肉 50 克。

调料：植物油、盐、白胡椒粉各少许。

做法：①土豆削皮切成小块，猪肉洗净切成小丁。②锅里放油，等油五成热的时候，把切好的土豆块和肉丁放到里面翻炒，放盐、胡椒粉和适量清水。③大约 10 分钟后，打开锅把软了的土豆块捻成泥状，再接着炖，炖到软烂就可以出锅了。

热量：314kcal 蛋白质：13g
脂肪：19g 碳水化合物：25g

凉拌芹菜叶

热量：212kcal 蛋白质：9g
脂肪：15g 碳水化合物：13g

材料：芹菜叶 400 克，鸡蛋 1 个。

调料：生抽、醋、盐各适量，姜末、蒜末、香油各少许。

做法：①鸡蛋打散后摊成薄饼，切成小方块；芹菜叶焯水后放入凉水中拔一会儿，沥干。②芹菜叶和鸡蛋片混合，放入姜末、蒜末、生抽、醋、香油、盐拌匀即可。

山药炖鸭

热量：280kcal
蛋白质：40g
脂肪：4g
碳水化合物：20g

材料：鸭肉 250 克，山药块 100 克。

调料：葱段、姜片、八角、花椒、香叶、陈皮、黄酒、冰糖、盐、胡椒粉、葱花各适量。

做法：①鸭肉洗净切块，入冷水煮开后捞出，冷水冲洗 2 ～ 3 次。②锅中另加水，放鸭肉块、葱段、姜片、八角、花椒、香叶、陈皮、黄酒，大火烧开后转用小火炖 50 分钟。③加盐、少许冰糖，再炖 10 分钟，加胡椒粉和葱花出锅。鸭肉是低脂低热量食品。

拔丝红薯

热量：755kcal
蛋白质：10g
脂肪：31g
碳水化合物：119g

材料：红薯 500 克，熟芝麻 25 克。

调料：白糖 30 克，植物油适量。

做法：①红薯去皮，切块，用七成热的油把红薯块炸至浅黄。②用 100 克清水煮白糖，并用勺子不断搅动，待白糖起花，放入炸好的红薯块，翻炒均匀，使糖花均匀挂在红薯块上，然后取熟芝麻撒在红薯上，迅速盛盘即可。高热量低蛋白食品，每人每日 200 ～ 250 克为宜。

家常豆腐

材料：豆腐 300 克，熟肉片 100 克，葱段、木耳各少许。

调料：酱油、白糖、料酒、水淀粉、香油、植物油各适量。

做法：①豆腐切厚片，入锅炸至金黄色，捞出沥油。②炒锅留油，下葱段煸味，加肉片、木耳翻炒，再放入豆腐片、酱油、白糖、料酒翻炒几下，最后用水淀粉勾芡，滴入香油增味，即可出锅。豆腐每人每日 200 克为宜。

热量：534kcal 蛋白质：43g
脂肪：35g 碳水化合物：14g

Day 5餐单

孕妈妈胃肠道功能下降，胃酸分泌减低，胃肠蠕动减弱，一定要注意避免冷热食物的刺激，并尽量减少外出就餐次数，以避免卫生状况引起的腹泻。同时，要重视早餐的质量和营养均衡，这样既可以加强营养和能量供给，又不致体重增长过快。

早餐：小馄饨＋苹果

加餐：果仁适量

午餐：麻油面＋清汤牛肉＋五香蚕豆

加餐：豆浆＋白糖糕

晚餐：米饭＋蒜香鸡翅＋青椒土豆丝＋芹菜海参汤

加餐：牛奶

从孕中期开始胎儿进入快速生长发育期，直至分娩。与胎儿的生长发育相适应，母体的子宫、乳腺等生殖器官也逐渐发育，并且母体还需要为产后泌乳开始储备能量以及营养素。因此，孕中、末期均需要相应增加食物量，以满足孕妇显著增加的营养素需要。

妊娠晚期营养供给要适度。妊娠晚期胎儿生长得快，胎儿体内需要储存的营养素增多，相对的营养素供给有较大增加，但此时绝大多数孕妇活动量减少、体重增加快速、血容量达至高峰、血脂水平增高，造成各器官负荷加大，故总热能供给量不宜过高，营养增加量也不宜太多。尤其是最后几周，脂肪和碳水化合物不可摄入过多，以免胎儿过大，造成分娩困难。

妊娠晚期，孕妇应根据本身的情况调配饮食，尽量做到膳食多样化，尽力扩大营养素的来源，保证营养和热量的供给。在产前检查时，孕妇可以请教医生，了解胎儿发育的情况是否良好，或者偏大、偏小，同时结合自己的身体情况，包括胖瘦、工作量的大小、是否有妊娠高血压、糖尿病等，综合考虑，制订出一个适合自己的个性化食谱来。

小馄饨

材料：馄饨皮 300 克，猪肉、虾仁各 250 克。

调料：葱姜末、蛋清、盐、生抽、料酒、胡椒粉、酱油、香油、香菜末各适量。

做法：①猪肉与虾仁剁成泥，加适量水、蛋清搅拌，加盐、料酒调味，再加葱姜末和少许香油拌匀成馅。②馄饨皮包入馅料。③沸水下馄饨后改小火，盖上盖，烧开后淋冷水，等再开一次即可关火。③取一碗，放生抽、胡椒粉、香油，冲入开水，放入煮好的馄饨，撒少许香菜末即成。 适宜 3 ～ 5 人餐。

热量：1420kcal
蛋白质：101g
脂肪：29g
碳水化合物：190g

白糖糕

材料：黏米粉 350 克，蛋清 1 个，白糖 60 克。

调料：干酵母少许。

做法：①干酵母及少量白糖用温开水溶解，加黏米粉拌匀，湿毛巾盖好，常温下放 5 ～ 6 小时，直到变成原体积的 2 ～ 3 倍。②白糖加蛋清和少量水调成糊状。③发好的面团和白糖糊拌匀，放置 8 ～ 9 小时，至面团呈细泡状。④面团倒入模具，入烤箱烤约 20 分钟，熟后取出。可分八块，每人每日 2 块为宜。

热量：1473kcal
蛋白质：29g
脂肪：4g
碳水化合物：334g

麻油面

热量：290kcal
蛋白质：8g
脂肪：1g
碳水化合物：65g

材料：白面条 250 克。

调料：盐、番茄酱各少许。

做法：锅内加入适量清水，置大火上烧沸，放入白面条，再烧沸，加入盐至面条熟透即可，吃时拌上番茄酱淋上麻油。

五香蚕豆

热量：1414kcal
蛋白质：115g
脂肪：5g
碳水化合物：279g

材料：蚕豆 500 克。

调料：盐、糖、老卤各适量。

做法：①去除蚕豆中的杂质，拣去黄板、小粒和蛀粒，除去泥灰，淘去瘪粒。②把蚕豆放入锅内，加水至高出豆面 3 ～ 4 厘米，加盖以大火烧煮，去其涩味，煮半小时后把豆捞出沥去水分，再放入锅内，加老卤、盐和糖再以小火煮约半小时，烧煮时间不要过头。冷却后即可食用。每人每天 150 克为宜。

清汤牛肉

热量：644kcal 蛋白质：98g
脂肪：5g 碳水化合物：57g

材料：牛腱子肉500克，洋葱（白皮）块、葱丝、芹菜段、胡萝卜片各50克。

调料：香叶、盐各少许。

做法：①牛肉洗净切成片，放入锅内加水煮开，撇去血沫，再放入洗净切好的洋葱块、芹菜段、胡萝卜片及香叶，改用小火炖煮两三个小时，至熟即可。②汤煮好后过箩，加盐，分盛汤碗中，撒上葱丝，即可食用。适宜2人餐。

热量：558kcal
蛋白质：42g
脂肪：39g
碳水化合物：12g

蒜香鸡翅

材料：鸡翅350克。

调料：植物油、葱、蒜、盐、酱油各少许。

做法：①鸡翅在各关节处剁开，既方便入味也方便吃；将葱切段，蒜切成末。②处理好的鸡翅放入盆里，加入盐、酱油腌半小时。③腌好的鸡翅放入炒锅中炸至金黄色即可。

热量：250kcal
蛋白质：47g
脂肪：6g
碳水化合物：6g

芹菜海参汤

材料：芹菜50克，海参100克。

调料：白胡椒粉、盐、香油各少许。

做法：①芹菜洗净，切成丝；海参泡发后切成小段。②锅内加适量水烧开，下海参段、芹菜丝煮熟，加上白胡椒粉、盐调味，最后淋上少许香油即可。

热量：250kcal
蛋白质：5g
脂肪：11g
碳水化合物：38g

青椒土豆丝

材料：土豆200克，青柿子椒100克。

调料：植物油、葱花、料酒、盐各适量。

做法：①土豆刮皮，切细丝，泡入清水；青椒洗净切丝。②青椒丝、土豆丝放入沸水中焯一下，捞出控干水分。③炒锅烧热倒油，油热后倒入葱花煸出味，将土豆丝、青椒丝放入炒匀，烹上料酒，放适量盐，翻炒几下，出锅即可。

Day 6 餐单

由于食欲增加，孕妈妈的进食会逐渐增多，有时会出现胃胀的情况。可每天分 4 ～ 5 次吃饭，以补充必要的营养，并改善因吃得太多而产生的胃胀感。为了补充必要的营养素，孕妈妈可以安排在午餐和晚餐重点补充维生素及铁；早餐和加餐重点补钙，多吃些干果和奶制品。

早餐：干贝鸡肉粥＋素烧卖＋橙子

加餐：核桃适量

午餐：米饭＋手撕包菜＋莲藕排骨汤＋韭菜炒虾仁

加餐：驴打滚

晚餐：素什锦炒饭＋黄焖牛肉＋水煮白菜

加餐：牛奶

在怀孕期间，准妈妈由于孕激素分泌肠蠕动减弱以及子宫的膨胀，容易产生饱胀感，十分不舒服。准妈妈要想有效地缓解腹胀症状，首要的做法就是必须改变自己的饮食习惯。准妈妈在日常饮食时，要注意少量多餐，以免增加肠胃消化的负担，令胀气情况更加严重。吃东西时细嚼慢咽，保持安静，少说话，避免让过多气体进入腹部。为避免孕期中胃贲门松弛造成的胃酸逆流，餐后 2 小时内避免平躺仰卧。

多吃些富含纤维素的食物，例如蔬菜、水果及含丰富纤维素的食物，能帮助肠道蠕动，从而可减缓腹胀症状。蔬菜类如茭白、笋、韭菜、菠菜、芹菜、丝瓜、莲藕、萝卜等都有丰富的膳食纤维；水果中则以柿子、苹果、香蕉、猕猴桃等含纤维素多。

胀气状况严重时，准妈妈还应避免吃那些容易产气的食物，例如豆类及豆制品、蛋类及其制品、油炸食物、马铃薯等，另外太甜或太酸的食物、辛辣刺激的食物等也应少吃或不吃。

怀孕期间准妈妈适当运动，能促进肠胃蠕动，舒缓腹胀情况，准妈妈每天饭后可去散步二三十分钟，这可有效帮助排便和排气。注意不要做过度激烈的运动，以免发生危险。

干贝鸡肉粥

热量：652kcal
蛋白质：35g
脂肪：5g
碳水化合物：120g

材料：大米 150 克，干贝 25 克，鸡脯肉 50 克，香菜少许。

调料：香油、姜汁、葱花、盐各适量。

做法：①干贝用温水泡软洗净；鸡脯肉洗净，切小方丁；大米淘洗干净；香菜择洗净切末。②锅内加适量清水烧开，下鸡丁、干贝、葱花、姜汁，煮 20 分钟后，加大米，改用小火，熬煮成粥，加盐调味，淋上少许香油，撒上香菜末即可。

素烧卖

热量：976kcal
蛋白质：24g
脂肪：23g
碳水化合物：175g

材料：小麦粉 200 克，土豆、胡萝卜各 100 克。

调料：葱、姜、盐、白糖、植物油各适量。

做法：①小麦粉用开水烫熟，揉成面团；土豆、胡萝卜去皮入蒸笼蒸烂捣成泥。②炒锅加油烧热，下葱、姜爆香，加土豆泥、盐、白糖炒制成馅；胡萝卜泥加盐拌匀。③面团擀成面皮，包入土豆泥馅，顶部放胡萝卜泥，入蒸笼蒸 5 分钟即可。做成 12 ～ 16 个烧卖。

韭菜炒虾仁

热量：266kcal
蛋白质：24g
脂肪：17g
碳水化合物：6g

材料：虾仁 200 克，韭菜 150 克。

调料：植物油、盐各适量。

做法：①虾仁去沙线，洗净；韭菜择洗干净后，切成段。②炒锅放适量植物油，烧至六成热时，放入虾仁煸炒，加入适量盐调味，将熟时放韭菜段，炒匀即可。

手撕包菜

热量：150kcal
蛋白质：2g
脂肪：10g
碳水化合物：17g

材料：包菜 200 克。

调料：蒜片、花椒、白醋、味精、香油、糖各少量。

做法：①包菜热水汆烫，沥干水分待用。②锅内热油爆香蒜片、花椒；放包菜，加白醋翻炒。③加入少许酱油、盐和糖调味。④出锅前加味精和香油提味即可。

莲藕排骨汤

热量：751kcal 蛋白质：41g
脂肪：52g 碳水化合物：33g

材料：莲藕 200 克，排骨 300 克，红枣 3 枚。

调料：香葱段、姜片、盐、料酒、植物油各适量。

做法：①将排骨切成 4 厘米长的段，莲藕切成滚刀块。②锅放油烧至九成热，下葱段、姜片炒香，倒入排骨段翻炒，烹入料酒炒出味。③炒好的排骨段倒入砂锅，加适量开水，放莲藕块、红枣，大火烧开，改用小火炖 3 小时，加香葱末、盐调味即可。高脂肪食品，适宜 2 人餐。

水煮白菜

热量：1097kcal
蛋白质：74g
脂肪：56g
碳水化合物：79g

材料：白菜、土豆各400克，精猪肉300克，肥肉30克。

调料：植物油、盐各少许。

做法：①白菜洗净备用，精猪肉切滚刀块，肥肉切薄片，土豆切滚刀块。②锅中加油烧热，放入肥肉片，小火炒至金黄，改大火，油烧滚时放精猪肉块，翻炒变色。③放土豆块，加水淹过土豆块，盖上锅盖烧5分钟。④放白菜，加水淹过菜面，盖上锅盖大火烧开，再加盐，改中火烧约25分钟即可。适宜3～4人餐。

驴打滚

热量：2189kcal
蛋白质：57g
脂肪：14g
碳水化合物：467g

材料：江米粉500克，红豆沙100克，黄豆面适量。

做法：①江米粉用温水和成面团，放入抹有一层香油的盘中，上锅蒸20分钟。②黄豆面倒入锅中翻炒至金黄色。③红豆沙加适量水，拌匀。④案板上撒一层炒好的黄豆面，放入蒸好的江米面，擀成一个大片，上面均匀抹上调好的红豆沙。⑤从头卷成卷，并在最外层多撒黄豆面，最后切小段。可制作10卷，每人每天1～2卷。

素什锦炒饭

热量：328kcal 蛋白质：12g
脂肪：1g 碳水化合物：73g

材料：米饭200克，蘑菇、冬笋、豌豆、胡萝卜各适量。

调料：盐少许。

做法：①蘑菇、冬笋、胡萝卜均洗净切丁，入沸水锅中焯一下捞出控水。②炒锅内加适量油烧热，倒入蘑菇丁、豌豆、胡萝卜丁、冬笋丁，大火煸炒几下。③倒入米饭，改用中火，将米饭打散，与菜炒匀，加适量盐，翻炒均匀，入味后即可。

黄焖牛肉

热量：801kcal
蛋白质：147g
脂肪：17g
碳水化合物：20g

材料：牛肉700克，水发木耳、水发黄花菜各适量。

调料：水淀粉、面粉、鸡蛋、油、盐、酱油、葱段、蒜片、青红柿子椒块各适量。

做法：①牛肉入清水大火煮熟晾凉，切块备用。②牛肉块加水淀粉、鸡蛋液、面粉、盐，搅匀。③炒锅放油烧至六成热，将牛肉炸至金黄捞出。④炒锅留油，放葱段、蒜片煸香，下黄花菜、木耳、牛肉、青红椒块、酱油，翻炒匀加盖焖30分钟，用水淀粉勾芡，淋香油即成。适宜3人餐。

Day 7 餐单

日渐增大的子宫很容易压迫孕妈妈的血管和神经，使腿部血液循环不良，并出现痉挛的现象。孕妈妈应多摄取富含钙、钾、镁的食物，如牛奶、豆腐、蔬菜等，以缓解不适。这个时期的孕妈妈很容易被便秘所困扰，孕妈妈可以多吃一些粗粮、蔬菜、黑芝麻、香蕉、蜂蜜等。也应注意适当运动，促进肠蠕动，有利于消化。可不要随意服用泻药哦。

早餐：核桃芝麻粥＋煮鸡蛋＋香蕉

加餐：果仁适量

午餐：骨汤面＋板栗白菜头＋香菇肉丝

加餐：枸杞粥

晚餐：米饭＋白灼虾＋大蒜炒笋＋凤菇莲花汤＋肉末苦瓜

加餐：牛奶

妊娠期皮肤过敏瘙痒是很多准妈妈的苦恼。之所以会出现皮肤过敏瘙痒症状，是因为怀孕时雌激素和孕激素升高，内分泌发生变化，身体容易燥热，免疫力也改变所致。准妈妈皮肤瘙痒的症状一般只有到分娩后才能减轻直至消失。

面对过敏瘙痒，准妈妈需要：第一，避免抓挠止痒。过敏皮肤经搔抓后，往往发红并出现抓痕，容易导致表皮脱落出现血痂，造成皮肤增厚、色素加深，继而加重瘙痒症状，甚至还会引发化脓性感染。第二，穿棉质衣物，并且要勤换内衣内裤。第三，洗澡时不要用太烫的水或使用碱性肥皂使劲擦洗，这会进一步加重瘙痒。第四，使用专业孕妇乳液，早晚各一次涂抹于患部，以免皮肤干燥，加重瘙痒症状。第五，饮食清淡，多喝水，少吃刺激性的食物。海鲜摄入也要减少，因为这些食物会加重皮肤瘙痒。

准妈妈不妨喝一些绿豆汤。煮的时候，绿豆壳稍稍开裂即可熄火，不加任何糖，只喝汤。因为绿豆偏寒，在孕期后期喝一些，除了可以降火气，还有减缓过敏的功效。如果是在秋冬季节则应该少喝一些。

核桃芝麻粥

热量：280kcal 蛋白质：8g
脂肪：17g 碳水化合物：28g

材料：核桃粉 25 克、山药粉 25 克，芝麻粉 10 克。

调料：新鲜核桃仁、黑芝麻、冰糖各适量。

做法：①核桃粉、芝麻粉、山药粉加温开水搅拌均匀。②倒入锅中，炖煮 5 分钟，加入冰糖煮至溶化。③洗净的核桃仁加入，搅拌均匀后撒上芝麻即可食用。

枸杞粥

热量：245kcal
蛋白质：6g
脂肪：0.4g
碳水化合物：57g

材料：白米 50 克，枸杞子 15 克。

调料：糖适量。

做法：①白米洗净，加 8 杯水浸泡 20 分钟，移到炉火上煮开，改小火煮到米粒软烂。②枸杞子洗净，加入粥内同煮，并加糖调味；枸杞子一变软即熄火盛出食用。

骨汤面

热量：436kcal
蛋白质：20g
脂肪：6g
碳水化合物：76g

材料：牛骨汤 400 克，挂面 100 克，鸡蛋 1 个。

调料：蒜末、盐、香油、植物油各适量。

做法：①炒锅加少许植物油烧热，把鸡蛋打进去，煎好盛出。②把挂面入锅煮熟后捞出，盛汤碗里，撒上蒜末，把煎好的鸡蛋放面上。③牛骨汤倒锅里，放少许盐调味，烧开即起锅，浇在面上，淋上少许香油即可。

香菇肉丝

热量：575kcal
蛋白质：72g
脂肪：29g
碳水化合物：17g

材料：芦笋、瘦猪肉各 300 克，香菇 50 克。

调料：鸡蛋、葱、姜、油、盐、淀粉各适量。

做法：①香菇洗净切丝，香菇浸出液沉淀，滤清备用；芦笋切丝；猪肉切丝放入打碎的鸡蛋中拌匀。②锅内加适量油烧热，下入肉丝，煸几下捞出。③锅内留底油加入葱、姜略炒，放入笋、香菇、肉丝、盐翻炒，加入香菇浸出液略煮，水淀粉勾芡，淋油出锅即可。

板栗白菜头

热量：200kcal
蛋白质：5g
脂肪：11g
碳水化合物：24g

材料：白菜头 250 克，板栗 50 克。

调料：植物油、高汤、盐、淀粉、酱油、料酒、白糖、姜末、香油各适量。

做法：①白菜头洗净，切成条；板栗切两半，入沸水煮熟，捞出去皮。②炒锅加油烧热，把白菜头炸至金黄捞出；板栗稍炸捞出。③炒锅留油，入姜末爆香，烹入料酒、酱油、高汤，放盐、白糖，下白菜头、板栗烧开，用小火煨熟后，再改用大火，淀粉勾芡，淋少许香油即可。

肉末苦瓜

热量：212kcal 蛋白质：13g
脂肪：13g 碳水化合物：14g

材料：苦瓜 300 克，猪肉末 50 克，红柿子椒 20 克，香椿芽 20 克。

调料：盐、料酒、香油、豆瓣酱、油、葱末、姜末、白糖、酱油各适量。

做法：①苦瓜去瓤去蒂洗净，切成一字条，拌盐微腌；红椒洗净切条，香椿芽切末。②锅中放油烧至四成热，倒猪肉末、料酒、豆瓣酱、葱末、姜末炒匀。③放入苦瓜条、香椿末、红椒条、白糖、酱油、翻炒均匀，淋上香油出锅。

大蒜炒笋

热量：137kcal
蛋白质：4g
脂肪：10g
碳水化合物：11g

材料：笋 200 克，大蒜 20 克。

调料：油、盐、糖各适量。

做法：①大蒜剥皮后从中间切开，笋洗净后切成小段。②锅内加油烧热，下大蒜爆香，再放入笋段翻炒，加少许盐和糖，可加入少许清水，加盖焖至笋段变色，出锅即可。

白灼虾

热量：231kcal
蛋白质：33g
脂肪：8g
碳水化合物：8g

材料：基围虾 300 克，香菜少许。

调料：酱油、香油各适量。

做法：①锅置火上，加水烧沸，下基围虾，去浮沫，至虾皮变红立即捞出，沥水装盘。②以香菜做装饰，取一小碟，倒入酱油，滴上香油，和虾一起上桌。

凤菇莲花汤

材料：猪肉 200 克，莲子 50 克，黄花菜 100 克，枸杞少许。

调料：盐、葱油、高汤各适量。

做法：①猪肉洗净切丁，沸水焯熟后捞出沥水。②莲子温水洗净，入蒸笼蒸熟，去掉莲心；枸杞温水泡开。③锅加高汤，放猪肉丁、黄花菜、莲子、枸杞同煮开，加盐调味，最后淋上少许葱油即可。适宜 2 人餐。

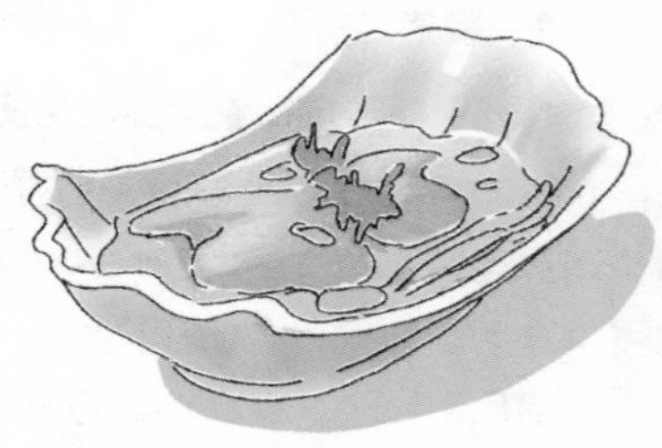

热量：607kcal 蛋白质：63g
脂肪：14g 碳水化合物：67g

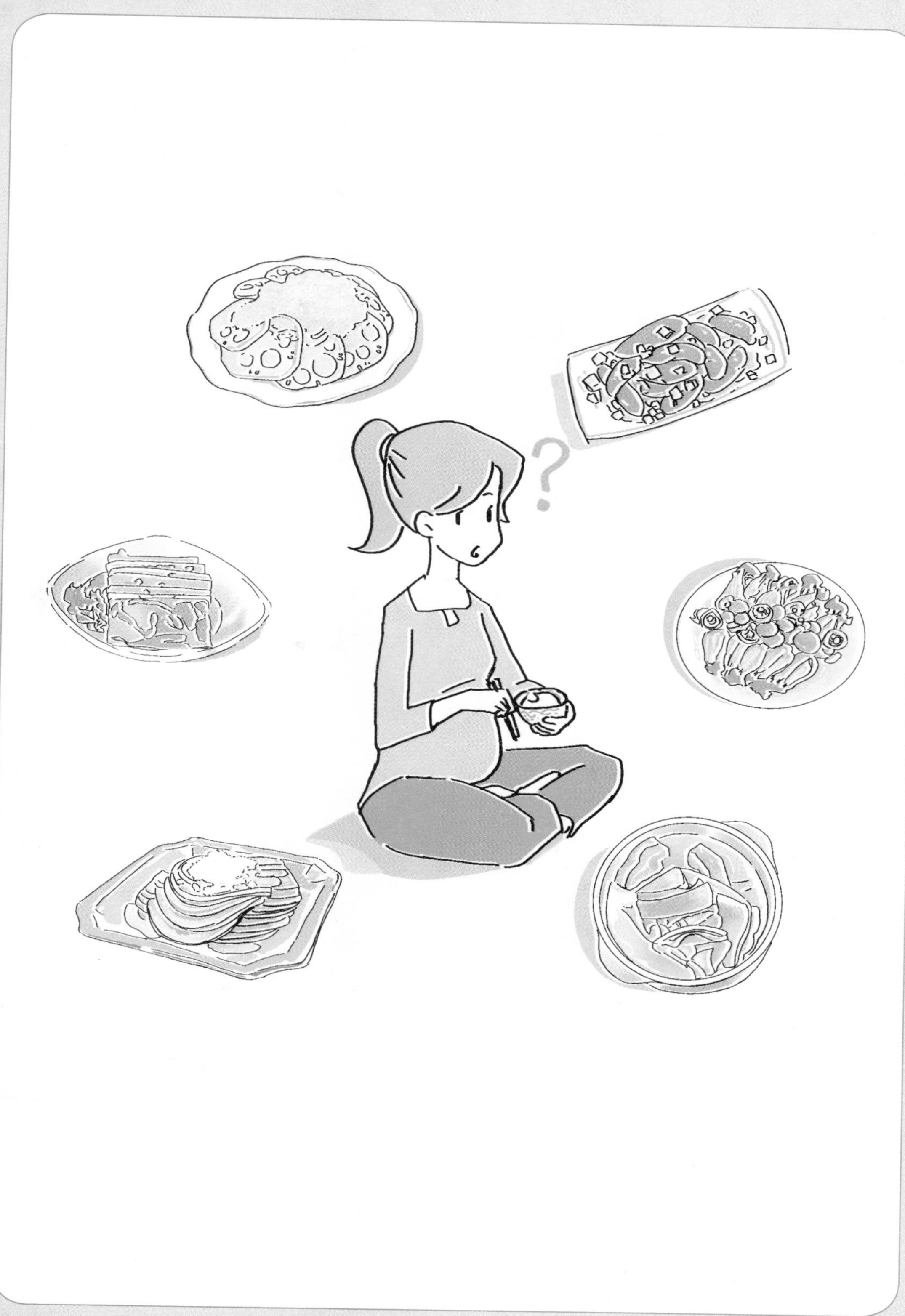

milk

Chapter 5

常见孕期不适及食疗方法

孕期由于孕激素的影响和子宫的变化，难免出现腰酸背痛等不适。合理的膳食安排可以有效缓解这些不适。

一 孕期疲劳嗜睡

怀孕后，每个人的反应各不相同。有的人怕冷，有的人喜凉……孕早期绝大多数准妈妈会容易感到疲倦，经常想睡觉。

1 孕早期疲劳嗜睡有四个原因

在怀孕早期阶段，出现浑身乏力、虚弱、疲倦，或没有兴趣做事情，整天昏昏欲睡，提不起精神等症状，是孕早期的正常反应之一。因为：

1. 孕初期，准妈妈体内绒毛膜性腺激素增加，使得身体容易疲倦。
2. 怀孕后身体分泌的孕激素有一种麻醉作用，导致人体行动变得迟钝，感到“老想睡觉”。
3. 孕妇基础新陈代谢增加，体内热量消耗快，血糖不足，也是嗜睡的原因。
4. 胎儿在逐渐生长，需要准妈妈放慢身体节奏。

这时，保证充足的睡眠，对准妈妈来说十分重要。所以，要休息就尽量休息，不要勉强自己。但白天睡眠最好不要超过一小时，以免夜晚失眠。而进入孕中期，孕妈妈嗜睡的情况会好很多。

Tips：孕早期不用进补

孕早期准妈妈会因为嗜睡而全身无力，这时家人，尤其是老人可能会给她准备很多补品。其实没有必要。尤其是补药，更不要吃，它们只会增加孕妇的肝肾负担。人参蜂王浆、洋参丸等，孕妇都不要吃。

疲劳嗜睡的饮食调理

孕妇嗜睡与人的机体处于偏酸环境和维生素摄入不足、缺少蛋白质有关。所以，孕妇可以从饮食上加以调理。

1 增加蛋白质的摄入

准妈妈饮食中可以适当增加鱼类、鸡蛋、牛奶、豆制品、猪肝、鸡肉、花生等富含蛋白质的食物，以便增强体质，保持旺盛的精力，减缓疲劳嗜睡的症状。

2 多食碱性食物

人自身体质若偏酸，则容易疲劳嗜睡。所以准妈妈可以多食碱性食物，如新鲜的水果、蔬菜等，以便中和体内酸性产物，滋养脾胃，消除疲劳，改善嗜睡现象。

3 增加维生素的摄入

多食含有丰富维生素的食物和蔬菜，对解除嗜睡很有帮助。如维生素C有制造细胞间粘连物质的作用，对人体细胞的修补和增长很有帮助，并能强身健体，抗疲劳；B族维生素有防止神经系统功能紊乱，消除紧张、保持精力的作用。

4 不可多食寒凉、油腻、黏滞的食品

寒凉油腻、黏滞的食品容易使人胃火上升，出现眼睛肿痛、脸肿，严重者还会伴有脸色潮红，乃至心火上升。内火会影响人的精神状态和情绪，出现劳累、嗜睡、失眠、头晕、注意力不集中等问题。所以准妈妈应少食或不食。

5 少食多餐

准妈妈因为肠胃弱，所以一日三餐不要吃得太饱，最好能少食多餐，否则胃过度膨胀，也容易犯困。

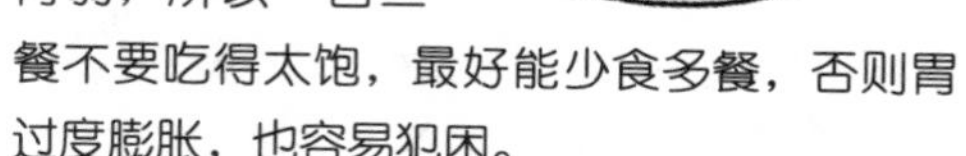

6 适当补充锌

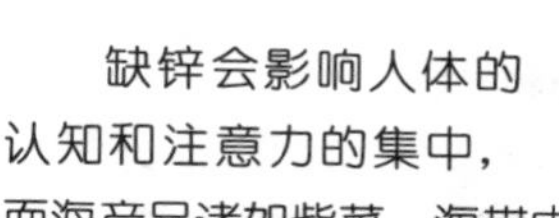

缺锌会影响人体的认知和注意力的集中，而海产品诸如紫菜、海带中，蕴含丰富的锌，准妈妈应该每周适当注意补充一些。

乌鸡汤

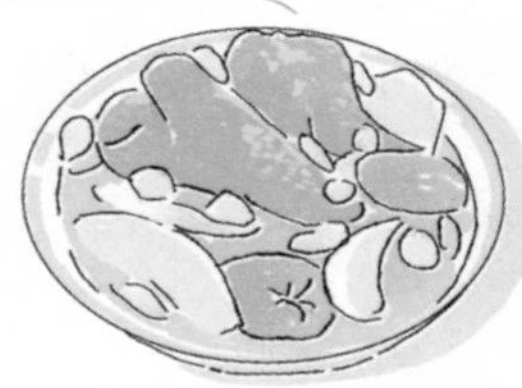

热量：728kcal
蛋白质：43g
脂肪：29g
碳水化合物：78g

材料：乌鸡半只，新鲜山药 600 克，水发莲子、红枣各适量。

调料：盐、料酒各少许。

做法：①山药削皮洗净切块。②乌鸡用滚水煮 2 ～ 3 分钟，取出用冷水洗去血水及油，剁块备用。③锅中加 2000 毫升水煮开，放乌鸡、山药块、莲子、红枣小火煮 1 小时，加少许盐和料酒调味即可。适宜 3 ～ 4 人餐。

家常焖笋

热量：181kcal
蛋白质：3.2g
脂肪：15g
碳水化合物：12g

材料：鲜笋 200 克。

调料：酱油、香油、花椒、白糖、盐各适量。

做法：①鲜笋切条，用刀面拍松；花椒放入热油中炸香后，捞出。②笋条放入炸过花椒的油中，不断煸炒，笋条略收缩、颜色变黄时，加酱油、盐、白糖颠锅。倒入适量开水，用小火慢烧至汤汁收干，淋上香油，拌匀即可。

柴把山药

热量：295kcal
蛋白质：8g
脂肪：11g
碳水化合物：45g

材料：山药 400 克，鲜笋 100 克，水发香菇 2 朵，水发丝瓜条 2 束。

调料：植物油、葱姜末、米酒、盐、高汤、水淀粉、香油各少许。

做法：①鲜笋煮熟，切长条。②山药去皮洗净，与香菇分别切长条。③用丝瓜条将山药、鲜笋、香菇一起绑成 6 份柴把状。④锅中加油烧热，下葱、姜爆香，加高汤、柴把、米酒、盐，煮熟后柴把摆盘，汤汁勾芡和香油一起淋在柴把上。

红椒拌藕片

热量：213kcal
蛋白质：5.5g
脂肪：0.6g
碳水化合物：51g

材料：鲜莲藕 300 克，鲜杨桃、红柿子椒各少许。

调料：盐、白糖、白醋各适量。

做法：①莲藕洗净，去皮，切薄圆片，清水冲洗浸泡；杨桃洗净，切薄片；红柿子椒切小段。②藕片和红椒段入沸水锅煮 1 分钟，取出冷水冲凉备用。③在藕片和杨桃中调入盐、白糖和白醋拌匀，最后撒入红椒段即可。

青椒炒鸭片

材料：鸭脯肉 200 克，青柿子椒 150 克。

调料：植物油、料酒、盐、白糖、高汤、葱末、水淀粉、鸡蛋清各适量。

做法：①鸭肉切块，洗净沥水，加盐、蛋清、水淀粉上浆；青椒去蒂和子，切菱形片，入沸水氽烫捞出。②炒锅加油烧热，下鸭片滑至九成熟沥出。③锅内留油少许，下葱末、青椒炒透，烹料酒，加盐、白糖、高汤，水淀粉勾芡，倒入鸭片炒匀即可。

热量：293kcal
蛋白质：32g
脂肪：13g
碳水化合物：16g

琥珀冬瓜

热量：574kcal
蛋白质：3.3g
脂肪：12g
碳水化合物：120g

材料：鲜冬瓜 1000 克。

调料：白糖、冰块、猪油各适量。

做法：①冬瓜去皮和瓤，切 5 厘米见方的块，放沸水氽烫捞出，在锅垫（竹篦）上码好。②炒锅加水，下白糖冰块，中火熬化成汁，撇去浮沫，下糖、熟猪油。③铺好冬瓜的锅垫入锅，用盘扣压，糖汁沸起后改小火收汁，冬瓜明亮时离火，用漏勺托住锅垫反扣盘内，并将原汁浇于冬瓜上。高糖食品，血糖高者禁食。

热量：878kcal
蛋白质：173g
脂肪：13g
碳水化合物：20g

红烧蹄筋

材料：牛蹄筋 500 克，黄瓜、笋各 50 克，油菜 6 颗。

调料：豆瓣酱、料酒、葱、姜、鲜汤、植物油各适量。

做法：①牛蹄筋切成长段，油菜洗净，黄瓜、笋洗净切成片。②锅内加油烧热，下入葱、姜、豆瓣酱爆出香味，放入料酒和少许鲜汤烧开，再放入牛蹄筋、笋片翻炒。③小火烧至汤汁略收，再放入黄瓜片、油菜略炒出锅。高蛋白食品，适宜 2 人餐。

热量：1212kcal
蛋白质：45g
脂肪：107g
碳水化合物：21g

回锅肉

材料：五花肉 400 克，青红柿子椒各 1 个，洋葱半个。

调料：豆瓣酱、豆豉、老抽、料酒、甜面酱、盐、白糖、植物油各少许。

做法：①五花肉入沸水煮至断生捞出，切薄片；青红椒切片。②锅留底油烧热，放五花肉片爆香，待肉片要起锅时下豆瓣酱、豆豉、甜面酱炒香，烹入料酒，加盐、白糖、老抽，下入青红椒片、洋葱片，略炒之后放盐调味，起锅装盘即可。高热量高脂肪食品，不宜多食，建议 3 ～ 4 人餐。

京酱肉丝

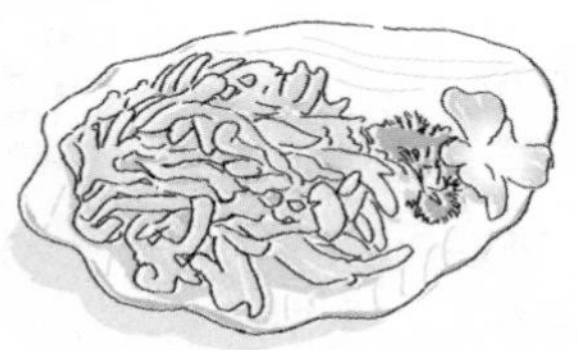

热量：600kcal 蛋白质：51g
脂肪：37g 碳水化合物：8g

材料：猪里脊肉 250 克，鸡蛋 75 克。

调料：甜面酱、葱姜丝、料酒、白糖、酱油、盐、植物油各适量。

做法：①猪里脊肉切丝，加料酒、盐调匀，放蛋清、淀粉上浆抓匀。②锅内加油烧至三成热，将肉丝入勺滑散，捞出沥油。③锅内留少许油，加葱姜丝爆锅，下甜面酱炒香，倒入肉丝，快速翻炒，加白糖、老抽、水淀粉翻炒均匀，装盘即成。

回锅土豆

热量：343kcal
蛋白质：6g
脂肪：11g
碳水化合物：58g

材料：土豆 300 克。

调料：盐、花椒粉、孜然粉、香油、芝麻、葱花各适量。

做法：①土豆去皮洗净，入沸水锅中煮至刚熟时捞出，切成片。②炒锅内加油烧热，下盐、辣椒粉、花椒粉、孜然粉炒出香味，再下土豆片炒匀，淋入少许香油，最后撒上点葱花和芝麻即可。

白果菜心

热量：260kcal
蛋白质：8g
脂肪：11g
碳水化合物：34g

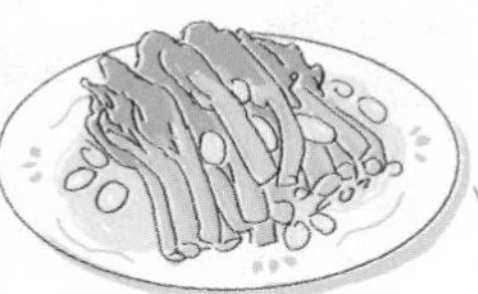

材料：白果 50 克，嫩芥菜心 150 克。

调料：香油、酱油、白糖、姜末、盐各少许。

做法：①芥菜心洗净，切段。②炒锅加油烧热，将芥菜心过油，捞出沥油。③锅中留底油，姜末爆香，芥菜心回锅，加酱油、盐、白糖，放入白果，翻炒均匀，入味即可。

棒棒鸡

热量：524kcal
蛋白质：73g
脂肪：26g
碳水化合物：0.5g

材料：鸡 1 只 600 克，葱白丝 10 克，芝麻少许。

调料：酱油、盐、料酒、葱末、姜末各适量。

做法：①鸡洗净，用绳捆住翅、腿；肉厚处用竹签扎眼。②锅内加水烧热，放鸡煮熟后捞出晾凉。③酱油、盐、料酒、葱末、姜末一起放入碗中调汁。④脯肉、腿肉，用木棒轻轻拍松，然后撕成丝装盘，以葱白丝围绕盘子四周，浇上味汁，撒上芝麻即可。高蛋白低糖食品，适宜 2 人餐。

孕期便秘有原因

便秘是准妈妈在整个孕期最常见的烦恼之一，主要表现为排出的大便硬而干，解便次数较平时减少，出现腹胀，重者引发痔疮、腹痛，甚至导致肠梗阻，并发早产，危及母婴安危。这是因为孕期孕激素造成肠道肌肉松弛，肠蠕动减慢，加上子宫增大压迫直肠，运动量少，容易造成便秘。

另外，准妈妈若过量进食高蛋白、高脂肪食物，而忽视蔬菜的摄入，就会使胃肠道内纤维素含量不够，不利于食糜和大便的下滑，导致便秘。

有效预防便秘的食物

以下这些食物可加速肠蠕动，促进肠道内代谢废物的排出，有效预防便秘。

马铃薯：营养丰富且易消化，其所含的粗纤维可促进胃肠蠕动和加速胆固醇在肠道内的代谢，具有降低胆固醇和通便的作用，对改善孕期便秘很有助益。

草莓：营养丰富，含有多种人体所必需的维生素和矿物质、蛋白质、有机酸、果胶等营养物质，可以助消化，通大便，对胃肠不适有滋补调理作用。

玉米：粗粮中的保健佳品，具有利尿、降压、增强新陈代谢、细致皮肤等功效，其膳食纤维含量很高，能刺激胃肠蠕动，加速粪便排泄，对妊娠便秘大有好处。

扁豆：含有丰富的蛋白质和多种氨基酸、维生素、矿物质、膳食纤维，经常食用能健脾胃、增进食欲、健美肌肤、提高注意力，并能有效促进排便通畅。

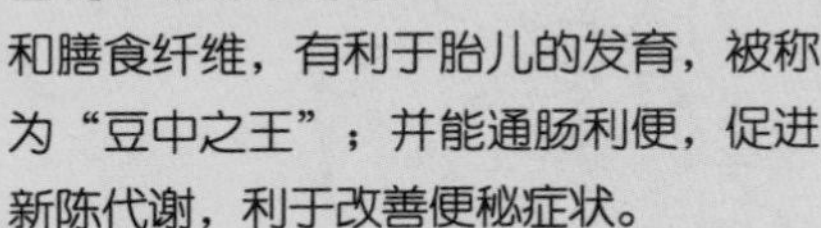

黄豆：营养价值高，含有丰富的蛋白质和膳食纤维，有利于胎儿的发育，被称为“豆中之王”；并能通肠利便，促进新陈代谢，利于改善便秘症状。

竹笋：富含B族维生素及多种矿物质，具有低脂肪、低糖、多纤维的特点，能促进肠道蠕动、帮助消化、消除积食、防止便秘。

芋头：一种很好的碱性食物，能保护消化系统、增强免疫功能。吃芋头，可促进肠胃蠕动，帮助母体吸收和消化蛋白质等营养物质，还能清除血管壁上的脂肪沉淀物，对孕期便秘、肥胖都有很好的食疗作用。

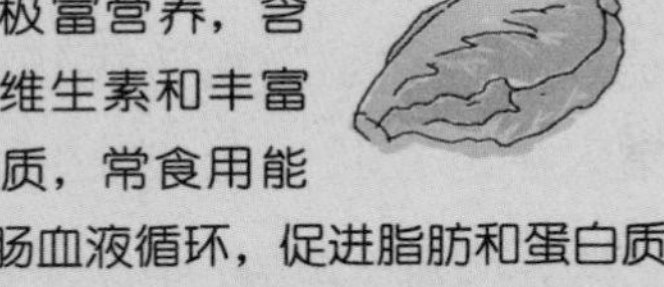

生菜：极富营养，含有多种维生素和丰富的矿物质，常食用能改善胃肠血液循环，促进脂肪和蛋白质的消化和吸收，清除血液中的垃圾，排肠毒，防止便秘。

卷心菜：营养丰富，富含维生素、叶酸和膳食纤维，具有抗氧化、防衰老、促进消化、预防便秘、提高人体免疫力等功效。

酸奶：含有新鲜牛奶的全部营养，其中的乳酸、醋酸等有机酸和益生菌，能刺激胃分泌，抑制有害菌生长，清理肠道。

芹菜：富含多种维生素，可增强胎儿骨骼，预防小儿软骨病，具有消炎、降压、镇静、消热止咳、健胃利尿、通便润肠等作用。

苹果：含有多种维生素、矿物质、糖类、脂肪等多种构成大脑发育所必需的营养成分，有利于促进胎儿生长发育，并有减肥、促进消化、通便等功效。

Tips：为了减轻便秘症状，除了要多吃富含高纤维的蔬菜、水果，少食用辛辣食物外，准妈妈还要多喝水，及时排便，保持规律的运动与作息。

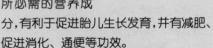

凉拌萝卜苗

热量：178kcal
蛋白质：14g
脂肪：7g
碳水化合物：24g

材料：萝卜苗 450 克，洋葱 200 克。

调料：葱末、姜末、蒜末、醋、生抽、盐各适量，香油、五香粉各少许。

做法：①萝卜苗剪去根部清洗干净，沥干水分；洋葱洗净，切成丝备用。②萝卜苗、洋葱丝、葱末、姜末、蒜末混合，加入盐、醋、香油、五香粉、生抽搅拌均匀即可。

热量：152kcal
蛋白质：12g
脂肪：6g
碳水化合物：20g

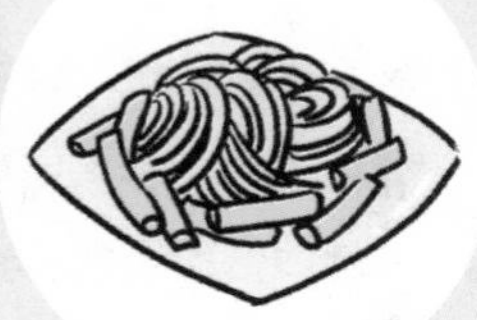

芝麻菠菜

材料：菠菜 500 克。

调料：芝麻酱、醋、葱末、姜末、蒜末、香油、植物油、盐各适量。

做法：①菠菜洗净，入锅焯水。②焯好水的菠菜迅速放入凉开水中拔几分钟，然后沥干水分。③分别将菠菜卷成团码入盘中。④用芝麻酱、葱末、姜末、蒜末、盐、香油、醋、凉白开水调制成芝麻酱糊，浇在菠菜上即可。

热量：80kcal
蛋白质：5g
脂肪：6g
碳水化合物：4g

七彩玉带

材料：鲜贝 25 克，青红柿子椒各 50 克。

调料：葱、蒜、米酒、盐、植物油、胡椒粉、白醋、水淀粉、香油各适量。

做法：①鲜贝先从中间剖开，入沸水汆过，捞出沥干；青红椒洗净，切小块；葱洗净，切小段。②锅内加油烧至五成热时，放入鲜贝和椒块过油后，捞出沥油。③锅内留底油，放葱、蒜爆香，再加入椒块、鲜贝及米酒、盐、胡椒粉、白醋翻炒均匀，以水淀粉勾芡，最后淋上香油即可。

凉拌蕨根粉

材料：蕨根粉 200 克。

调料：醋、姜末、蒜末、生抽、盐各适量，胡椒粉、香油各少许。

做法：①蕨根粉放入锅中煮约 10 分钟。②煮熟的蕨根粉放入凉水中拔凉，沥干水分。③加入姜末、蒜末及其他调味料拌匀即可。

热量：670kcal
蛋白质：2g
脂肪：1g
碳水化合物：168g

热量：410kcal
蛋白质：47g
脂肪：23g
碳水化合物：15g

空心菜炒肉

材料：空心菜 300 克，猪瘦肉 200 克。

调料：油、盐各适量。

做法：①空心菜洗净；把猪瘦肉切成片。②炒锅内放油，加入肉片煸炒；再加入盐，略炒后放入空心菜翻炒，片刻即可。

丝瓜炒虾仁

热量：203kcal
蛋白质：13g
脂肪：15g
碳水化合物：6g

材料：丝瓜 300 克，虾仁 50 克。

调料：油、盐、水淀粉各适量。

做法：①丝瓜洗净切条，虾仁洗好，去尾部泥沙。②锅中倒入少许油，加热，下丝瓜炒到半熟，加盐炒匀。③放入虾仁，炒至虾仁变色，用水淀粉勾芡。

热量：530kcal
蛋白质：22g
脂肪：9g
碳水化合物：101g

黄豆大枣粥

材料：大枣、干黄豆各 50 克，粳米、糯米各 30 克。

调料：水适量。

做法：①黄豆洗净，泡发一晚；大枣用温水泡约 15 分钟后洗净。②粳米、糯米各冲洗一下，放入锅中，加水烧开。③放入黄豆，用文火熬约 40 分钟，再加入大枣，熬约 40 分钟即可。

热量：2210kcal
蛋白质：103g
脂肪：27g
碳水化合物：398g

韭菜合子

材料：面粉 500 克，韭菜 200 克。

调料：虾皮 100 克，植物油 15 克，盐适量。

做法：①面粉加热水揉成面团，饧 20 分钟。②韭菜洗净切碎，和虾皮拌匀加作料和成馅儿，最好包的时候再放盐，不然容易使韭菜出水。③面团揉匀，切成均匀的剂子，擀成面饼，一侧放入适量馅，封口，捏上花边。④锅内放少许油，烧热，放盒子烙至两面金黄即可。1 个 50 克，高热量高碳水化合物食品，每餐 3～4 个为宜。

莲藕海带尾骨汤

材料：猪尾骨 850 克，莲藕 200 克，海带 100 克。

调料：葱末、姜末、盐各适量，八角、桂皮各少许。

做法：①猪尾骨洗净剁成大块，下冷水锅，用大火焯水，去掉浮沫。②清水倒入砂锅，放入猪尾骨块、葱末、姜末、八角、桂皮，用大火烧开。③放入莲藕、海带一起炖到酥烂，加盐调味即可。

热量：157kcal
蛋白质：5g
脂肪：5.5g
碳水化合物：35g

金糕魔芋

材料：花头魔芋 200 克，金糕 80 克。

调料：白糖、白醋、盐各适量。

做法：①花头魔芋洗净，放入清水锅中煮熟。②大块金糕切花刀后，再切成魔芋大小。③加入白糖、白醋、盐，将魔芋、金糕拌匀即可。

热量：255kcal
蛋白质：10g
脂肪：0.5g
碳水化合物：203g

牙龈出血不能忽视

怀孕期间，孕妈妈孕酮（即“黄体酮”）含量增高，口腔供血量增加，造成牙龈肿胀，对牙菌斑的细菌反应更加敏感，导致妊娠期发生牙龈炎，刷牙时容易出血。

准妈妈在怀孕期间，牙龈上有可能会长良性小肿块，常出现在患有龈炎的部位，可以长到1～2厘米，在医学上，这种牙龈肿块被称为“齿龈部妊娠瘤”或“良性肉芽肿”，也会导致刷牙时出现出血现象。但其对孕妇并没有什么伤害，通常不疼，一般会在宝宝出生后消失。

在怀孕期间，准妈妈照顾好自己的牙齿非常重要，以免牙龈持续出血，从而发展成严重的牙龈疾病，如牙周炎，其炎症感染可以透过牙龈深入支撑牙齿的骨头和其他组织中。

根据相关研究表明，严重的牙龈疾病和蛀牙往往有可能导致怀孕并发症以及早产，所以，准妈妈一定要重视牙齿的健康。为了尽可能地减少牙龈出血的症状，准妈妈要在平时注意保持良好的口腔卫生。

牙龈出血的预防及护理

❶ 日常注意彻底清洁牙齿。每天保证至少刷牙2次，记住刷牙时动作应轻柔些，不可用力过猛，以防损害牙龈。

❷ 用牙线清洁牙齿。每周至少要使用牙线洁齿两次，这是牙刷洁齿的良好补充，可以起到很好的牙齿保健作用。因为牙线可以把牙刷、牙签等洁齿工具抵达不了的地方残留的食物残渣、牙菌斑及软牙垢等去除干净。

❸ 注意牙龈的异常情况。如果牙齿出现下列任何一种情况，如牙疼，牙龈经常出血并引发疼痛，出现牙龈肿胀、敏感、牙龈萎缩、持续口臭、牙齿松动等牙龈疾病迹象，就要立即去看牙医。

❹ 定期接受牙齿护理。牙科医生能够进一步彻底地清除牙刷等刷不到的牙菌斑和牙垢，以免患有牙龈疾病。洗牙动作，最好能在怀孕前完成。

❺ 注重饮食细节。不喝碳酸饮料或含糖饮料，减少或干脆不吃甜的零食。另外，在饮食上也要多注意补充富含维生素C的食物，如可以多吃些猕猴桃、柑橘、苹果、香蕉等水果和白菜、香菇、黄瓜、番茄等蔬菜。

营养蔬果汁

热量：188kcal 蛋白质：4g
脂肪：1g 碳水化合物：50g

材料：圆白菜、芹菜各 200 克，苹果 300 克，香蕉 50 克，青柿子椒 20 克。

调料：矿泉水适量。

做法：①苹果、圆白菜、芹菜用盐水浸泡 10 分钟后反复冲洗干净，切成小块。②青椒去籽、洗净，切成块；香蕉去皮，切成块。③上述食材和矿泉水放入食品加工机榨汁即可。

扒白菜条

热量：275kcal
蛋白质：7g
脂肪：11g
碳水化合物：41g

材料：栗子 100 克，白菜 250 克。

调料：油、酱油、盐、葱片、姜末、高汤、水淀粉各适量。

做法：①栗子洗净；白菜去叶洗净，切成 6 厘米长、1 厘米宽的条，下沸水焯透，捞出沥水。②炒锅上火烧热，加少许底油，用葱片、姜末炝锅，放入栗子煸炒一会儿，再加白菜条、酱油、盐，添适量高汤，煨 5 分钟，最后水淀粉勾芡。

冬菇炖豆腐

热量：456kcal
蛋白质：47g
脂肪：20g
碳水化合物：26g

材料：北豆腐 500 克，冬笋、水发冬菇各 50 克，鸡肉、鸡骨、火腿适量。

调料：米酒、酱油、盐、葱、姜、高汤各少许。

做法：①豆腐加盐煮至呈蜂窝状，捞出沥水，切滚刀块；冬笋切片，冬菇切条。②鸡骨、鸡肉入水焯过，连同火腿、葱姜丝垫入砂锅底，放豆腐块，加上高汤、盐大火烧开，改用小火炖至汤汁变浓，取出鸡肉、火腿等。③冬笋、冬菇放锅里，大火烧沸即可。

香菇木耳炒猪肝

热量：447kcal
蛋白质：46g
脂肪：18g
碳水化合物：41g

材料：香菇 30 克，黑木耳 20 克，新鲜猪肝 200 克。

调料：葱姜末、料酒、盐、香油、酱油、红糖、水淀粉、植物油各适量。

做法：①香菇、黑木耳去杂质，温水泡发，浸泡的水留用。②香菇洗净切片，黑木耳撕小朵；猪肝洗净，切片加葱姜末、黄酒、水淀粉，抓匀。③炒锅加油烧至六成热，放葱姜末炒香，加肝片急火翻炒，放香菇片、木耳略炒，倒入鸡汤及浸泡香菇的水，加盐、酱油、红糖小火煮沸，水淀粉勾成薄芡，淋入香油。

蚝油生菜

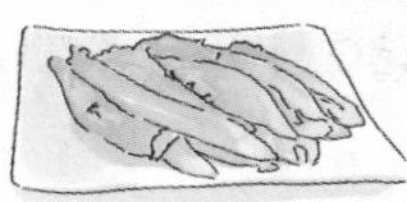

热量：223kcal
蛋白质：9g
脂肪：21g
碳水化合物：7g

材料：生菜 600 克，蚝油 30 克。

调料：清油、酱油、白糖、料酒各适量，蒜、盐、香油、糖、蚝油、汤、水淀粉各少许。

做法：①生菜洗净，切段；入沸水稍焯。②锅烧热放油，加蒜爆炒，放生菜块快速翻炒，加盐，在出水前出锅。③锅底留少许油，倒入蚝油、料酒、糖、酱油、汤，烧开后用水淀粉勾芡，淋香油，浇在生菜上即可。

芝麻海带结

热量：152kcal 蛋白质：4g
脂肪：10g 碳水化合物：14g

材料：海带结 300 克，白芝麻适量。

调料：酱油、盐、白糖、香油各少许。

做法：①白芝麻洗净，入干锅内炒香，取出备用。②海带结洗净，入沸水锅中煮熟，捞出沥水。③海带结放锅里，加上酱油、盐、白糖煮至汤浓，淋上香油，撒上白芝麻即可。

蛋皮菠菜包

热量：473kcal
蛋白质：30g
脂肪：35g
碳水化合物：14g

材料：鸡蛋 4 个，菠菜 300 克。

调料：香菜、盐各适量。

做法：①菠菜洗净，放到加盐的沸水里焯一下，过冷水，控干；香菜也入沸水焯一下。②鸡蛋加盐打散，倒入平底锅摊成薄蛋皮，等分切成十几块，每块蛋皮上放一勺菠菜，用蛋皮把菠菜包住，用香菜一绑即可。

花生鲤鱼

热量：680kcal
蛋白质：67g
脂肪：44g
碳水化合物：12g

材料：鲤鱼 600 克，花生 150 克。

调料：姜片、葱末、香菜末各少许，料酒、酱油、植物油、盐各适量。

做法：①花生清水浸 40 分钟，入锅大火煮 10 分钟，捞出。②鲤鱼宰杀，去鳞、内脏，洗净剁块，加盐稍腌渍。③锅里放油烧至七成热，放鲤鱼块炸好。④鲤鱼块放锅中，加水、葱末、姜片、料酒、酱油、盐，大火煮沸后转小火煮熟，加花生，再煮片刻，加香菜末装盘。

百合炒芦笋

热量：191kcal
蛋白质：4g
脂肪：10g
碳水化合物：25g

材料：百合 50 克，芦笋 200 克。

调料：香油、盐、胡椒粉、红柿子椒、大蒜各适量。

做法：①芦笋洗净切段，入沸水焯烫捞出控水；百合掰片洗净；柿子椒去蒂、子，洗净切片；大蒜切末。②炒锅加油烧热，下蒜末爆香，放椒片、百合煸炒，再放芦笋炒片刻，加盐、胡椒粉炒匀即可。

鱼香牛肉丝

热量：380kcal
蛋白质：47g
脂肪：20g
碳水化合物：5g

材料：牛肉丝 200 克，笋丝 65 克，鸡蛋一只。

调料：香醋、菱粉、白糖、酱油、葱花、料酒、姜末、盐、蒜泥各少许。

做法：①牛肉丝放入打散的蛋液中，加盐拌匀，下锅炒散取出。②笋丝入油锅炒一下，再将牛肉丝加入，大火煸炒至熟。③准备好的鱼香味，即姜末、蒜泥、糖、料酒、醋、菱粉、葱花、酱油一起调拌成汁，浇在锅里，翻炒均匀即成。

孕期口臭有五大原因

一般情况下，孕期口臭往往有以下几种原因：

肝火

传统中医认为，女性怀孕后一般都会有肝火上升或脾胃湿热等热象出现，舌苔常常厚而腻，导致孕妇感到嘴苦发麻，或者干而涩，时常作呕，口气可能因此不佳。加上孕妇刷牙时怕牙龈出血而不敢太用力，更担心清洁舌根部时，牙膏、牙刷等物会刺激口腔，引发恶心或加重呕吐，因而孕妇口气往往较重。

2 牙齿问题

孕激素的作用，准妈妈常会发生牙齿松动、牙肉水肿、出血或发炎的现象，很容易患有牙周炎或者发生龋齿，这些依附在牙龈表面的细菌会释放出难闻的气味，从而引起口臭。另外，孕妈妈容易饿，如果吃东西后不及时清洁口腔，塞在牙缝里的食物腐败后，也会有难闻的气味。

嗜重口味

孕后味蕾敏感度下降，时常会觉得口中无味，有的孕妈妈会偏好那些酸、甜或较刺激且口味重的食物，如大蒜、洋葱、辣椒等。若不及时清洁口腔，也可能造成严重口臭。

疾病

一些疾病，如呼吸道感染、糖尿病、肝或肾功能障碍有时也可引起口臭。所以，若准妈妈平时饮食清淡，十分注意清洁口腔，却仍然出现口臭，应及时去医院进行专业的检查。

消除口臭的5种方法

◆ 清洁舌苔。刷牙时彻底清除干净残留在舌苔上的食物渣滓，不但可以减缓口腔内的异味，更有助于恢复味蕾的敏感度，避免吃东西时口味越来越重。

◆ 注意经常漱口、喝水。吃完东西后及时漱口，以保持口腔的清洁卫生。另外，还要大量喝水，保持大便通畅。孕妈妈还可以适度喝一些降火的饮料，比如菊花水、柠檬水或者果汁等。

◆ 多吃富含维生素C的瓜果蔬菜，可以极大地增强机体抵抗力，减缓口臭症状。孕妈妈应尽量挑选质软、不需多嚼、易于消化的食物来吃，以减轻牙龈负担，避免损伤牙龈，造成发炎，出现口臭。

◆ 避免食用辛辣、生冷食物。为了减轻肠胃的负担，避免口臭加重，出现严重腹泻症状，从而诱发早产，准妈妈应少吃，最好不吃太多麻辣或过于生冷的食物。

◆ 定期检查牙齿，以便及时发现口内的蛀牙或牙周病，及早加以治疗，使牙病限于小范围，以免到后期发生更严重的病变，对母儿健康造成不利影响。

此外，孕妈妈如果曾有特殊疾病史，一旦口气及味觉发生显著变化，应及时去医院做鉴别诊断。

Tips：选择孕中期治疗口腔疾病

一般情况下，准妈妈应尽量避免在孕初期和末期做牙齿治疗。对于较严重的口腔疾病，应选择孕中期（孕4～6个月）相对安全的时间治疗。

鱼露樱桃萝卜

热量：50kcal
蛋白质：2g
脂肪：0.2g
碳水化合物：7g

材料：樱桃萝卜 500 克。

调料：鱼露、蒜末、姜末、醋各适量。

做法：①樱桃萝卜洗净后从一侧切成片，但不切断。②鱼露、蒜末、姜末、醋及白开水调成腌汁。③腌汁浇在樱桃萝卜上拌匀，半天搅拌一次，腌渍一天即可。

几何豆腐

热量：268kcal
蛋白质：17g
脂肪：18g
碳水化合物：12g

材料：豆腐 2 块 200 克，酱瓜 2 条。

调料：葱段、红柿子椒块、油、蚝油、酱油、水淀粉各适量，荷兰豆少许。

做法：①豆腐切长方形、正方形、圆形及三角形各种形状，入温油锅中炸后捞出。②酱瓜切小片。③炒锅内留底油，放葱段爆香，加两匙水、少许蚝油、酱油烧开。④豆腐回锅，待其收汁入味后，加荷兰豆、酱瓜片及红椒片，水淀粉勾芡即可。

银耳鲜橙盅

热量：356kcal
蛋白质：4g
脂肪：1g
碳水化合物：89g

材料：甜橙 400 克，银耳 10 克。

调料：豌豆、枸杞、冰糖各适量。

做法：①甜橙洗净，从上部 1/3 处切开，挖去果肉，做橙盅。②银耳泡发，放入清水锅中大火煮开，加冰糖小火熬制。③汤汁收到浓稠，银耳软烂后，关火。④将银耳盛入甜橙盅内，拌入豌豆和枸杞，盖上果盖，上锅大火蒸 10 ～ 15 分钟即成。

金钩西芹

热量：225kcal
蛋白质：24g
脂肪：12g
碳水化合物：14g

材料：西芹 350 克，海米 50 克。

调料：植物油、香油、盐、料酒、葱、姜各适量。

做法：①西芹择洗干净，入沸水锅中焯烫后切段；海米洗净，开水泡透；葱、姜切末。②锅内加油烧热，入葱、姜爆香，下海米煸炒，加盐、料酒炒匀后盛出。和西芹一起放盆内，加少许香油拌匀，装盘即可。

香水豆腐

热量：482kcal 蛋白质：49g
脂肪：29g 碳水化合物：8g

材料：北豆腐 400 克。

调料：葱末 100 克，蒜末 8 克，薄荷叶 1 片，盐、植物油各适量，香菜末、香油少许。

做法：①豆腐切小丁，盐水浸泡 15 分钟，沥干入锅煸到微黄盛出。②炒锅倒油烧热，放葱末、蒜末炒香；倒入豆腐丁翻炒。③加清水烧开，放薄荷叶，盖锅盖煮到汤汁将干，加盐调味，淋香油撒香菜出锅。

洋葱火腿煎蛋

热量：465kcal
蛋白质：25g
脂肪：39g
碳水化合物：5g

材料：洋葱 30 克，火腿 50 克，鸡蛋 3 个。

调料：植物油、盐各少许。

做法：①洋葱洗净切成丝，火腿切成丁，洋葱丝、火腿丁都放碗里，把鸡蛋打进去，加上盐搅拌均匀。②平底锅内加油烧热，把拌好的蛋液倒进去煎至两面金黄色时，起锅即可。

番茄豆腐

热量：530kcal
蛋白质：44g
脂肪：28g
碳水化合物：35g

材料：番茄、北豆腐各 200 克，青豆 50 克。

调料：清汤、盐、白糖、水淀粉、植物油各适量。

做法：①豆腐切片，入沸水稍焯，沥水待用；青豆米洗净。②番茄洗净，沸水烫后去皮，剁成蓉，下油锅煸炒，加盐、白糖、鸡精炒几下待用。③油锅下清汤、毛豆米、盐、白糖、豆腐片，烧沸入味。④用水淀粉勾芡，倒入步骤②的番茄酱汁，推匀，出锅即可。

怪味茄子

热量：272kcal
蛋白质：4g
脂肪：16g
碳水化合物：33g

材料：茄子 400 克。

调料：葱丝、姜末、蒜泥、胡椒粉、香菜、白糖、香油、醋、酱油、清水、蚝油各适量。

做法：①茄子洗净切成块。锅置火上，放油，油热后将茄子倒入锅内炸熟捞出。②锅内留油，放入葱丝、姜末、蒜泥、醋、白糖、鸡精、蚝油、酱油搅匀，熬至起泡出锅倒在茄子上，撒上胡椒粉、香菜即可。

清炒莴笋

热量：150kcal
蛋白质：4g
脂肪：10g
碳水化合物：13g

材料：莴笋 2 根 600 克，红柿子椒 1 个。

调料：盐、油各适量。

做法：①莴笋、红椒都洗净切丝。②起油锅，先下辣椒丝煸一下，然后下莴笋丝，放入盐调味，翻炒入味即可。

五

孕期感冒

5

感冒的原因以及种类

感冒是怀孕期间最常见的呼吸道病症。季节转换，温度骤降，昼夜温差悬殊，都是导致感冒的重要因素；加上孕期免疫力较差，易受病原体侵害，相对未怀孕时更易感冒。

传统中医认为，感冒有“风寒感冒”“风热感冒”及“暑湿感冒”三大类。

1 风寒感冒

主要是感受了风寒之邪，孕妈妈常会出现明显怕冷畏寒、微微发热出汗、四肢酸痛乏力、鼻塞流鼻涕、口不渴而喜欢喝热开水、咽喉容易发痒咳嗽、痰白质清稀等症状，最为常见。

2 风热感冒

感受风热之邪，春天较多，孕妈妈多会出现明显发热、稍微怕冷、咽喉肿痛、咳嗽痰黄、鼻塞流涕、口干渴喜冷饮等症状。

3 暑湿感冒

即我们常说的热伤风，是夏天特有的感冒。同其他两种一样，都有鼻塞、流涕、发烧的症状。夏季闷热，湿度大，如果贪凉对着空调吹，就会感受风寒之邪。

预防感冒五步走

① 加强营养，保证充足的睡眠时间，增强身体抵抗力。

② 少到商场、超市、游乐园等公共场所，因为这些地方人多“口”杂，容易感染病毒或细菌。

感冒护理及饮食原则

多饮开水，卧床休息，并应注意保暖，不要淋雨、玩水及吃冷饮，以免再次感冒。若出现高热、剧咳等情况时，则应及时去医院诊治，因其容易导致流产，但一般不会影响胎儿的发育。不过，若高热时间持续长，连续 3 天以上超过 39℃，就必须要做产前诊断，以便了解胎儿是否受影响。

感冒期间，准妈妈的饮食应清淡，多吃些稀饭、面汤、新鲜蔬菜和水果等，忌食粽子、烤肉、冰品、巧克力、劣质海鲜等油腻、生冷、辛辣、黏滞、酸腥食物。

Tips：合理睡眠很重要

孕妇身心负担大，平日要注意多休息，才能有健康的身体，但也不能睡过头，反而造成身体不适。孕妇要避免压力过大、工作太累、熬夜、情绪悲伤，这些情况会降低孕妇抵抗力。

③ 出门勤戴口罩，尽量不和感冒患者接触，以减少感染的机会。

④ 秋冬季节，防寒保暖；酷暑时候，保证空调温度适宜。

⑤ 勤洗手。当初触碰钱、把手、水龙头等和人最容易接触的东西后及时洗手，或者使用卫生纸，避免直接接触。

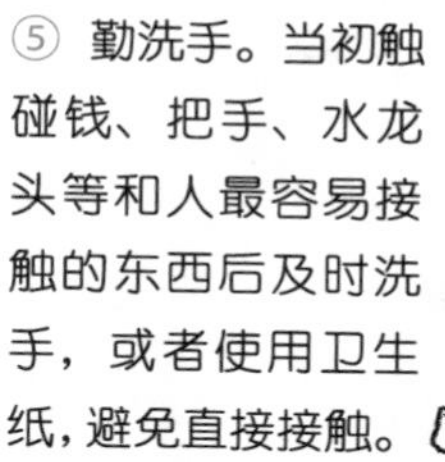

豆腐鹌鹑蛋汤

热量：414kcal
蛋白质：25g
脂肪：30g
碳水化合物：13g

材料：北豆腐 1 块 150 克，鹌鹑蛋 9 个，火腿肉 25 克。

调料：葱花、姜末、料酒、盐、植物油、清水各适量。

做法：①豆腐切成块，洒上少许温水湿润；火腿肉切成片。②锅内放油烧热，下葱花、姜末爆香，倒入鹌鹑蛋翻炒，加入清水适量，烧沸，加入豆腐块、火腿片、料酒、盐，煮 5 分钟即可。

雪梨肘子

热量：1730kcal
蛋白质：92g
脂肪：96g
碳水化合物：135g

材料：猪肘子约 800 克，雪梨 400 克。

调料：白糖、葱段、姜片、油、料酒、盐各少许。

做法：①猪肘子洗净，入沸水锅中氽透，捞出沥水；雪梨切成小块，入清水中浸泡一会儿。②锅内加油烧热，放入白糖炒成糖色，入葱段、姜片、清水、料酒、盐翻炒，再放肘子，用小火炖约 2 小时，再加上雪梨块炖一会儿，把肘子和雪梨块盛入盘中，把余汤浇在盘内即可。高热量高蛋白高脂肪食品，适宜 3 ～ 4 人餐。

银耳雪梨

热量：260kcal
蛋白质：6g
脂肪：1g
碳水化合物：75g

材料：银耳 50 克，雪梨 1 个，枸杞适量。

调料：冰糖适量。

做法：①银耳用清水浸泡 1 小时，泡发后剪去蒂部，以滚水焯一下，捞出沥干水分，再撕成小块。②枸杞洗净；雪梨洗净削皮，切成小块。③锅置火上，加适量清水烧开，倒入枸杞、银耳块和雪梨块，加盖用中火煮 20 分钟，起锅即可，冷热皆可食用。

猪肺汤

热量：253kcal
蛋白质：14g
脂肪：4g
碳水化合物：47g

材料：川贝 10 克，雪梨 3 个，猪肺 100 克。

调料：水适量。

做法：①猪肺洗净，切成块；雪梨洗净，去核，每个连皮切 4 块；川贝打碎。②全部用料放入砂锅内，加适量水，用大火煮沸后，用小火煲 2 小时，即可。

姜葱粥

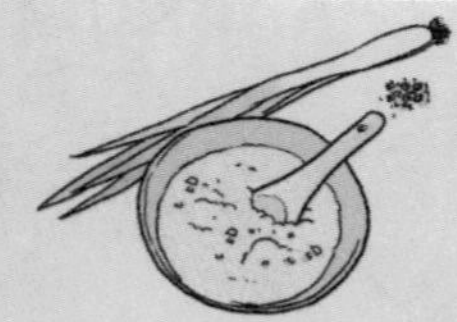

热量：346kcal 蛋白质：13g
脂肪：1g 碳水化合物：72g

材料：大米 100 克，嫩姜、葱白各适量。

调料：米醋少许。

做法：①大米淘洗干净，入清水中浸泡 1 小时左右；嫩姜切成片，葱白切成小段。②大米放入锅里，加清水，放入姜片煮开，再放葱段，一同熬煮成粥。③起锅时淋入少许米醋即可。

白菜豆腐汤

热量：386kcal
蛋白质：27g
脂肪：20g
碳水化合物：30g

材料：白菜 500 克，豆腐 250 克。

调料：葱、姜、酱油、白糖、盐、植物油各适量。

做法：①白菜洗净切成片，豆腐切成块。②锅置于火上，加油烧热后，入葱、姜爆锅后，将白菜入锅炒至六成熟，再将豆腐、酱油、白糖、盐入锅，炒至八成熟后，加入适量清水，小火炖 10 ～ 15 分钟后即可。

冰糖雪梨

热量：470kcal
蛋白质：4g
脂肪：0.5g
碳水化合物：125g

材料：雪梨 2 个 400 克。

调料：冰糖 50 克。

做法：①雪梨去核切片，与冰糖同放入瓦盅内。②加少量清水，熬 30 分钟，便可食用。

功效：富含糖分和多种维生素，具有清热泻火、生津止渴、养阴润肺、化痰止咳的功效，适用于孕产期热病伤津口渴、心烦、咽喉肿痛、肺热咳嗽、痰黄黏稠、干咳少痰等症。

雪梨胡萝卜汤

热量：283kcal 蛋白质：5g
脂肪：6g 碳水化合物：66g

材料：雪梨 300 克，胡萝卜 100 克，菠菜 50 克。

调料：盐、胡椒粉、黄油、高汤各少许。

做法：①胡萝卜洗净去皮，切成小条。②雪梨去皮洗净，切成橘子瓣形状；菠菜洗净切碎。③锅内加适量黄油，熔化后，放入胡萝卜条煸炒至断生，倒入适量高汤，煮开后加雪梨块、盐、胡椒粉，最后撒入菠菜末即可。

奶白鲫鱼汤

热量：304kcal
蛋白质：37g
脂肪：18g
碳水化合物：0g

材料：鲫鱼 1 条 300 克。

调料：植物油 10 克，姜片、大蒜末、盐各适量。

做法：①锅里放油，烧热后，放鲫鱼略煎一下。②煎到鱼肉变色后，倒入 1 碗清水，再放入姜和大蒜。③盖上锅盖，大火煮沸后改中火炖 20 分钟，汤变白。④调入适量盐，炖 2 分钟起锅即可。

什锦果乳

热量：590kcal 蛋白质：2g
脂肪：1g 碳水化合物：148g

材料：橘子、苹果、雪梨、香蕉各 100 克。

调料：淀粉、白糖各少许。

做法：①橘子、苹果、雪梨、香蕉切成小丁备用。②锅置火上，加适量水，把苹果丁、雪梨丁放进去煮约 5 分钟。③出锅时把橘子丁、香蕉丁放进去，加入少许白糖，用淀粉勾芡即可。

六

妊娠水肿

6

妊娠水肿日常调理

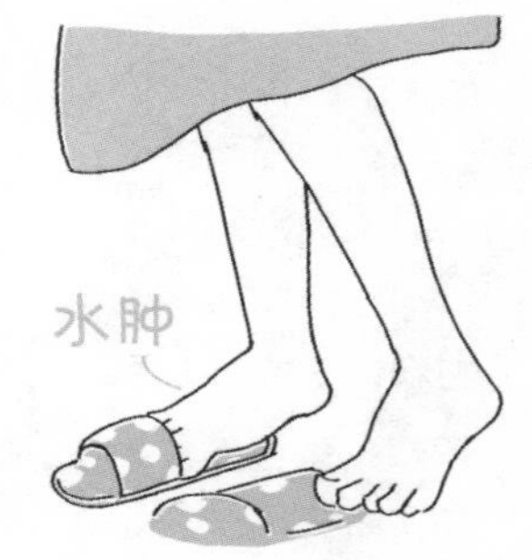

妊娠水肿尤其是下肢水肿，是准妈妈常出现的一种症状，一般多发生在怀孕6个月以后。中医认为，妊娠肿胀是由于脾肾阳虚、气机不畅所致。妊娠水肿，对胎儿的生长发育及母体的健康影响不大。一般情况下，准妈妈通过充分休息，合理安排饮食就可达到减少或消除水肿的目的。

1 补充营养，合理安排饮食

◆ 日常膳食中，补充足够的营养，增加饮食中蛋白质的摄入，如多吃些米、面、豆类、瘦肉、冬瓜、动物肝脏、鸡、鸭、生鱼、水鱼、鳝鱼、鲍鱼、鱼翅、龟肉等，以提高血浆中白蛋白的含量，改变胶体渗透压，才能将组织里的水分带回到血液中，从而减轻水肿症状。薏米虽然可以利水消肿，但性凉，孕妇需视体质决定是否可吃，前三个月不吃为宜。

◆ 其次，准妈妈补充足量的蔬菜水果，对减缓水肿也有一定的作用。因为蔬菜和水果中含有人体必需的多种维生素和微量元素，可以提高机体抵抗力，加强新陈代谢，还具有解毒利尿等作用。

◆ 另外，减少日常食盐及含钠食品的进食量，如少食咸菜，以减少水钠潴留；并忌食生冷、油腻的食物，这都有助于缓解水肿症状。

◆ 准妈妈也可时常做做肢体伸展运动，并按摩小腿部位，这也能极大地减缓水肿症状。

◆ 因为妊娠水肿的另一个重要原因，是体重增加带来的下肢负荷过重，所以准妈妈要适当增加卧床休息时间，卧床时可以将下肢垫高。或者也可以在坐的地方，放一张小凳或一个木箱，借以搁脚，抬高下肢以帮助下肢的体液循环，增加淋巴液回流，减轻水肿。

异常水肿需重视

还有一种情况，需要格外重视。如果准妈妈水肿明显，用手按压后，出现凹陷却不能很快复原，另外，水肿症状还逐渐蔓延向小腿、大腿、腹壁、外阴或波及全身时，则为病态，就需要及时去医院做详细检查，以免对胎儿和母体造成损伤。

一般情况下，病态水肿的主要症状表现为：准妈妈面目四肢水肿，或全身肤色呈现淡黄色，皮肤薄而光亮；与往常相比常常懒得说话，四肢冰凉发麻，而且还口淡无味，食欲不振。另外，还有大便不成形、稀薄，舌苔颜色淡等症状。

Tips：不要轻易减少饮水量

有的准妈妈为了消肿，不敢多喝水。这一做法是相当错误的。

胎儿满6个月后，母体的心肺肝肾功能都逐渐进入“满负荷”运行阶段，小腿在傍晚时分出现轻微水肿，是正常的，和饮水关系不大，所以准妈妈不必减少饮水量。

而且，由于胎儿发育产生的废物需要靠母体排出，足量喝水反而可以缩短代谢废物在体内停留的时间，有利于胎儿和母体的健康。所以，若无特殊情况，不可减少饮水量。

凉拌茭白

热量：128kcal
蛋白质：9g
脂肪：1g
碳水化合物：28g

材料：嫩茭白 500 克，虾皮少许。

调料：酱油、蒜泥、白糖、香油各适量。

做法：①茭白剥去外皮，切去老根，洗净后纵切成两半，用刀背稍拍一下，使其质地变松软，放入开水锅中烫约 10 分钟后捞出，冷后，用刀切成片或切丝。②取一大盘，放入茭白，加酱油、蒜泥、糖、香油拌匀，最后撒上少许虾皮即可。

蜜汁南瓜

热量：500kcal
蛋白质：9g
脂肪：1.3g
碳水化合物：117g

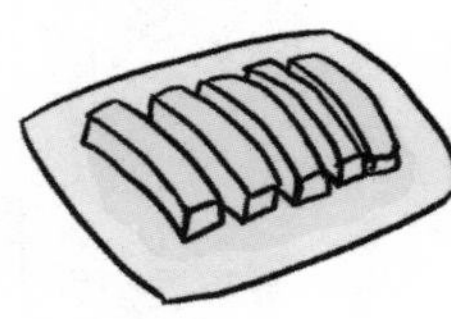

材料：南瓜 300 克，糯米 50 克。黄米、葡萄干、小枣、粽子叶各适量。

调料：白糖、糖桂花、水淀粉各适量。

做法：①粽子叶、小枣、黄米、糯米、葡萄干一起用开水浸泡 1 小时备用。②南瓜挖瓤洗净切片，和前面泡好的材料（粽子叶除外）一起放进盘中，入蒸锅蒸 40 分钟。③炒锅加少许水，放白糖、糖桂花，开后水淀粉勾芡，淋在蒸好的糯米南瓜上即可。

白菜炖豆腐

热量：633kcal
蛋白质：21g
脂肪：15g
碳水化合物：100g

材料：白菜 300 克，豆腐 200 克，粉条 100 克。

调料：油、葱花、姜末、鲜汤、料酒、盐各适量。

做法：①豆腐切成块，白菜洗净切成片，入油锅稍微煸一下，盛出备用。②油锅烧热，下葱花、姜末煸出味，倒入鲜汤，放入豆腐片、白菜片、粉条，加料酒、盐，最后淋油出锅即可。

鲜梨炒鸡片

热量：730kcal
蛋白质：81g
脂肪：30g
碳水化合物：34g

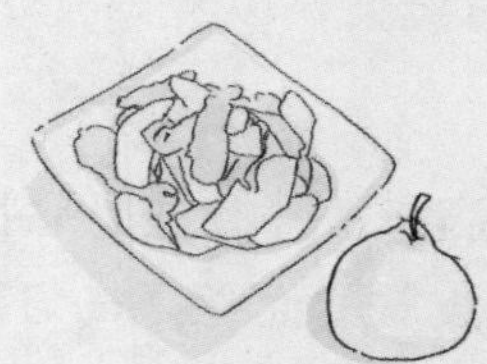

材料：鸡胸肉 400 克，梨 200 克，鸡蛋清 30 克。

调料：淀粉、姜汁、料酒、盐、植物油各适量，白糖、胡椒粉各少许。

做法：①梨放清水浸泡切片；鸡胸肉切片，用盐、料酒、蛋清、淀粉浸渍抓匀。②鸡胸肉放入热油锅，待鸡胸肉片呈白色捞出，沥油装盘。③姜汁、料酒、糖、盐、梨片倒入油锅中，翻炒均匀后盖在鸡胸肉片上即可。高蛋白食物，适宜 2 人餐。

莲子老鸭汤

热量：820kcal
蛋白质：79g
脂肪：8g
碳水化合物：115g

材料：鸭肉 450 克，红枣 80 克，莲子 60 克。

调料：料酒 15 克，盐适量，姜末少许。

做法：①鸭肉洗净切块。②鸭肉块、姜末、温水、料酒一同用文火煮。③莲子在清水中浸泡约 1 小时；红枣泡开，一同放入鸭汤中。④鸭肉烂熟后加盐即可。高蛋白高糖食品，适宜 2 ～ 3 人餐。

黑豆红枣炖鲫鱼

热量：676kcal
蛋白质：62g
脂肪：28g
碳水化合物：54g

材料：鲫鱼 450 克，黑豆 50 克，红枣 50 克。

调料：姜末、蒜、植物油、盐各适量。

做法：①黑豆和红枣洗净，浸泡 3 个小时后放入砂锅中煮熟待用。②鲫鱼收拾干净，沥干水分；另起锅，倒入油，煎到两面金黄。③向锅中加入清水，放入姜末、蒜末，用大火烧开。④见汤变奶白色之后，放入煮熟的黑豆和红枣，继续熬 20 ～ 30 分钟，最后加盐调味即可。低脂肪食品，适宜 2 人餐。

干贝冬瓜汤

热量：122kcal
蛋白质：10g
脂肪：2g
碳水化合物：22g

材料：冬瓜 1000 克，干贝 5 粒。

调料：虾皮、姜、热水、料酒、清水、盐各适量。

做法：①冬瓜削皮，去子，切片；干贝用调料浸泡 4 小时后捞出。②干贝、姜片、热水加入容器，加盖以大火加热至沸后 1 分钟。③再加入冬瓜、盐、虾皮，加盖以大火煮 15 分钟即可。

茶树菇炒饭

热量：815kcal
蛋白质：32g
脂肪：14g
碳水化合物：160g

材料：米饭 350 克，茶树菇 80 克，四季豆 150 克，胡萝卜 100 克，洋葱 80 克。

调料：盐、植物油各适量，葱姜蒜末、薄荷叶各少许。

做法：①茶树菇、胡萝卜洗净切丁；四季豆洗净焯水后切丁；洋葱洗净切片。②油锅烧至六成热，放姜蒜末煸炒片刻，倒胡萝卜丁、四季豆丁翻炒。③待胡萝卜丁变软，放茶树菇丁翻炒。④茶树菇九成熟，倒米饭、葱末、盐，一同炒到米粒松散。⑤洋葱片装饰盘边缘，倒入炒好的米饭，点缀薄荷叶。高糖食品，适宜 2 人餐。

炒焖黄豆

热量：1945kcal
蛋白质：166g
脂肪：80g
碳水化合物：187g

材料：黄豆 1000 克。

调料：葱姜末、香菜段、酱油、麻油各适量。

做法：①葱姜末、香菜段、酱油调成汁。②黄豆拣去杂质洗净，沥干水分，放锅内用小火炒熟，装入盘中，浇入调好的味汁，加盖焖 20 分钟。③去盖后，淋上少许麻油拌匀即可。高蛋白高糖食品，建议每人每日食用 50 ～ 100 克。

锅塌豆腐

热量：690kcal
蛋白质：57g
脂肪：42g
碳水化合物：24g

材料：豆腐 500 克，鲜虾仁 50 克，鸡蛋 2 个。

调料：盐、料酒、淀粉、酱油、面粉、植物油各适量。

做法：①豆腐切长块；虾仁洗净剁蓉，加盐、料酒、淀粉和蛋清，调成馅。②每块豆腐上抹一层馅，并盖上另一块豆腐，入蒸锅中蒸 5 分钟，取出控水。③蛋黄、面粉、淀粉调成糊，抹在蒸好的豆腐表面。④炒锅放油烧至六成热，下豆腐煎至两面金黄，加酱油，改小火焖至汤汁收干，装盘。

蒜蓉豆角

热量：185kcal
蛋白质：8g
脂肪：11g
碳水化合物：18g

材料：荷兰豆 300 克，蒜 20 克。

调料：盐、水淀粉、植物油各适量。

做法：①锅置火上，放适量油烧热后，放一半蒜蓉煸香，下入荷兰豆翻炒。②待豆快熟时，放盐和另外一半蒜蓉，继续翻炒至熟。③出锅前用水淀粉勾芡即可。

茭白炒黑木耳

热量：160kcal
蛋白质：4g
脂肪：11g
碳水化合物：18g

材料：青柿子椒 1 个，茭白 2 根，黑木耳少许。

调料：植物油、盐、香油、蒜末各少许。

做法：①青椒去籽去蒂，茭白去皮，都洗净切丝；黑木耳浸泡半小时，去杂质，洗净切丝。②锅内放油烧热，下青椒丝煸炒至熟，盛出。③锅内留余油，入蒜末爆香，加茭白丝、黑木耳丝煸炒，加盐加水烧开，转中小火焖烧两三分钟，倒青椒丝炒匀，淋香油盛出。

妊娠胃灼热

胃灼烧，就是我们常说的“烧心”感，准妈妈在怀孕期间，之所以会发生这种“烧心”感，主要因为

❶ 胃肠蠕动减弱。孕后胎盘产生大量孕酮，引起全身平滑肌松弛，使胃肠蠕动大大减弱，无形中造成胃排空的时间延长，从而导致反射性地引起胃酸分泌过多，产生“烧心”感。

❷ 胃内容物逆流入食道。准妈妈由于贲门—食道括约肌松弛，会导致胃内容物逆流入食道，胃内食物若反复逆流入食道下段，在酸性胃内容物的刺激下，就会引起准妈妈的上腹部或前胸下部出现烧灼感觉。

❸ 子宫压迫胃肠。到了妊娠晚期，日益增大的子宫会极大地压迫胃肠器官，或直接把胃向上推移，造成腹内压升高，从而会更加减缓食物的运输速度，加重食物逆流现象，导致出现灼热症状。

❹ 过多食用刺激性食物。准妈妈若过多食用酸性、辛辣、肥腻食物以及巧克力、浓茶、咖啡或者芳香性等刺激性食物，就会降低食管下段平滑肌张力，使食管反流加重，更加刺激食管黏膜，导致出现烧心症状。

应避免食用辛辣食物和油腻食物以免加重烧心。常见的如碳酸饮料（苏打水）、豆类、大红肠、柑橘、辛辣食物和油脂类食物等。

避免进餐时大量喝水。另外，对许多孕妈妈来说，餐前少量吃些酸乳酪有助于减轻烧心。

妊娠“烧心”的调理

在妊娠期间出现“烧心”感，一般不需治疗。但为了避免食管反流，减轻烧心症状，准妈妈要注意穿宽松舒适的衣服，多饮水，保持大便通畅，并积极预防呼吸道感染，以免增加腹内压力。

◆ 晚上睡觉时，可以适当抬高上身，将头部床脚抬高15～20厘米，使上身抬高10°～15°。

◆ 若烧心症状严重，喝杯牛奶或吃点可口食物可有效减轻“烧心”感，也可以在医生的指导下服用一些无副作用的碱性药物，如氢氧化铝凝胶、乐得胃等，或者一些保护胃黏膜的药物，如硫糖铝、迪乐冲剂等，这可大大减轻“烧心”症状。

◆ 此外，每次进食不要过饱，注意少食多餐，以免使胃内压力升高，横膈上抬，导致食物逆流。特别是晚饭更要注意避免过饱和过晚，最好不要在睡前2～3小时进食。餐后两小时内，不要平躺，避免胃酸逆流入食道造成食道灼伤，减少烧心的发生。

◆ 宜吃些容易消化的高维生素食物，要尽量少吃肥腻、高糖、高脂的食物，不吃酸性、辛辣刺激性及过冷、过热的食物。

◆ 若天气良好，准妈妈适当进行一些户外活动，比如散散步等，保持精神上的轻松愉快，也能极大地减少“烧心”症状。

热量：328kcal
蛋白质：31g
脂肪：20g
碳水化合物：8g

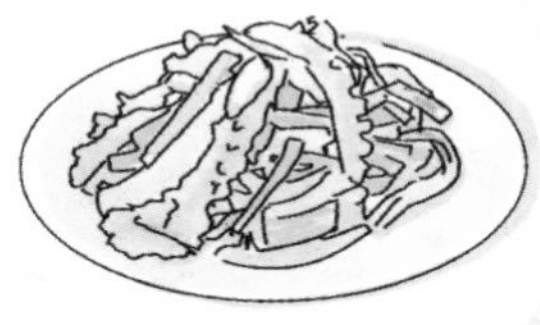
芹菜肚丝

芹菜肚丝

材料：芹菜、猪肚各200克。

调料：姜、蒜、桂皮、小茴香、柿子椒、植物油、盐、料酒各适量。

做法：①芹菜去叶洗净，切段；尖椒去蒂和子后洗净切丝；蒜切末备用。②猪肚洗净，加一半姜丝、桂皮、小茴香和清水，入高压锅煮。③上汽后煮15分钟，取出猪肚切丝。④炒锅放油烧热，下剩余姜丝煸香，放芹菜、椒丝、料酒翻炒均匀，下猪肚丝、蒜末煸炒出蒜香，加盐调味即可。

盐渍三皮

材料：西瓜皮200克，冬瓜300克，黄瓜300克。

调料：盐适量。

做法：①西瓜皮刮去外皮，洗净；冬瓜刮去绒毛外皮，洗净；黄瓜去瓤心，洗净。②上述三种材料分别放沸水中略煮一下，待冷切成条块，置容器中，加盐腌渍1.5小时即可。

盐渍三皮

热量：96kcal
蛋白质：4g
脂肪：1.1g
碳水化合物：21g

热量：580kcal
蛋白质：53g
脂肪：25g
碳水化合物：49g

八宝豆腐

八宝豆腐

材料：嫩豆腐350克，鸡蛋清75克，鸡胸肉、火腿、虾仁、玉米粒、鲜香菇、胡萝卜、熟核桃仁、青豆各15克，牛奶25毫升。

调料：水淀粉、香油、盐、植物油各适量。

做法：①鸡肉、香菇、玉米粒洗净，与火腿一起入锅煮熟，除玉米粒外，分别剁成末；胡萝卜洗净切丁，热油炸熟。②嫩豆腐挤汁，汁内放盐和蛋清，加牛奶、水淀粉、青豆、虾仁、鸡胸肉末拌匀。③嫩豆腐、豆腐汁、剩余配料一起倒入油锅炒匀，淋上香油即可。

芦笋煎鸡蛋

材料：芦笋300克，鸡蛋3个。

调料：盐、植物油、香油各适量。

做法：①笋取出沥干；鸡蛋加盐打散。②将煎锅置火上，倒入油烧热，倒入鸡蛋液，把笋整齐地摆放在蛋液中间，待底面蛋液凝固后，将蛋饼翻个身，继续煎一会儿，至蛋液完全凝固，淋入香油即成。

芦笋煎鸡蛋

热量：330kcal
蛋白质：24g
脂肪：25g
碳水化合物：11g

热量：150kcal
蛋白质：3g
脂肪：10g
碳水化合物：13g

葱香莴笋

葱香莴笋

材料：莴笋1根200克，春笋100克，香葱2根。

调料：盐、白糖、植物油各少许。

做法：①莴笋去皮洗净切滚刀块，用盐腌渍15分钟。②春笋剥壳切滚刀块，开水加盐焯烫。③香葱洗净切碎，浇入热油，制成葱油备用。④腌好的莴笋沥水，放入焯好的春笋，加盐、白糖，浇入葱油拌匀即可。

冬笋里脊丝

材料：猪里脊肉200克，冬笋100克。

调料：雪菜、料酒、鸡蛋清、水淀粉、盐、葱末、姜末、香油适量。

做法：①里脊肉洗净切丝，冬笋切丝焯水，雪菜切末；肉丝加淀粉、蛋清抓匀。②锅内放油烧至五成热，将肉丝滑散。③锅留底油，放葱、姜末爆香，倒肉丝、冬笋丝、雪菜末翻炒，加料酒、盐炒匀，勾少许水淀粉，淋香油出锅。

冬笋里脊丝

热量：450kcal
蛋白质：45g
脂肪：26g
碳水化合物：10g

热量：608kcal
蛋白质：48g
脂肪：34g
碳水化合物：29g

葱香豆腐

葱香豆腐

材料：豆腐500克，皮蛋1个。

调料：蒜、姜末、葱花、酱油、香油、白糖各少许。

做法：①豆腐在沸水中稍焯，取出控水，切片排盘。②皮蛋剥壳，切成小瓣放在豆腐上。③酱油、香油、白糖加少许水调成汁。④热锅加油，下蒜、姜末爆香，放小葱粒翻炒，等葱花微微变颜色的时候关火，浇在豆腐上，淋上调料汁拌匀即可。适宜2～3人餐。

香菇豆角

材料：豆角400克，香菇75克。

调料：油、葱、姜、酱油、料酒、盐、水淀粉、高汤各适量。

做法：①豆角去筋洗净，斜刀切段，开水焯一下。②香菇择洗净，去蒂，切段。③炒锅放油烧热，放入葱、姜炝锅，烹料酒，倒入豆角、香菇翻炒，再放入酱油、盐、高汤，最后用水淀粉勾芡，淋少许香油，出锅即成。

香菇豆角

热量：220kcal
蛋白质：11g
脂肪：11g
碳水化合物：30g

热量：1196kcal
蛋白质：81g
脂肪：34g
碳水化合物：172g

火腿蚕豆酥

火腿蚕豆酥

材料：熟火腿 75 克，蚕豆 300 克。

调料：植物油、香油、白糖、奶汤、盐、油、水淀粉各少许。

做法：①蚕豆剥皮、去豆眉洗净，沸水煮熟。②熟火腿切成1厘米见方的丁。③炒锅倒油烧热，倒蚕豆煸炒 10 秒钟，火腿丁下锅，随即放奶汤，加白糖和盐，烧 1 分钟，用水淀粉调稀勾芡，颠动炒锅，淋上香油盛盘。高热量高糖食品，适宜 2 ～ 3 人餐。

青笋金针菇

材料：水发金针菇 250 克，干青笋 100 克。

调料：猪油、香油、盐各适量。

做法：①干青笋入清水中泡软，捞出后切成小段；水发金针菇泡开，捞出沥水备用。②锅内加适量猪油烧热，下入青笋段煸炒，至八成熟时，加入金针菇同炒，加盐调味，起锅时淋上少许香油即可。

青笋金针菇

热量：213kcal
蛋白质：8g
脂肪：16g
碳水化合物：18g

热量：680kcal
蛋白质：40g
脂肪：49g
碳水化合物：26g

苦瓜排骨

苦瓜排骨

材料：猪排骨 280 克，苦瓜 580 克。

调料：黄豆、葱段、姜蒜末、淀粉、盐、酱油、糖、蚝油、油各适量。

做法：①猪排骨切块，用淀粉拌匀；苦瓜切丝，加盐腌渍 30 分钟后，清水洗去盐分。②油加热，放姜、黄豆、蒜同炒，加排骨、苦瓜，中火炒几分钟，再加水和盐、酱油、糖、蚝油翻炒匀，慢火焖煮 20 分钟。③淀粉、水勾芡，放葱，盛盘。适宜 2 人餐。

双冬焖肉

材料：猪肘 600 克。

调料：冬菇、冬笋、大蒜、葱、姜、酒、酱油、油、盐各适量。

做法：①猪肘去皮，切大块，先用适量油煸炒至外皮微黄时盛出。②冬菇泡软，去蒂，对切两半；冬笋削去外皮，先煮熟再切大块。③用适量油爆香葱、姜、蒜，待焦黄时捞出，以余油炒冬菇和冬笋，并放入肉块和所有调料烧开。改小火，烧入味，汤汁稍收干时即可盛出。高脂肪食品，适宜 2 人餐

热量：1050kcal
蛋白质：71g
脂肪：65g
碳水化合物：52g

双冬焖肉

八

孕期腹泻

8

孕期腹泻的原因

孕期腹泻是一个危险信号，预示着有流产或早产的可能，所以，孕妈妈千万不能大意。孕期腹泻最常见的原因还是感染。食物中毒或其他部位的病毒感染也可能引起孕期腹泻。

孕期腹泻的治疗以及注意事项

一旦发生腹泻，准妈妈就要适当补液，多喝水，以便补足因腹泻丢失的水分和电解质，尤其是钾离子。要清淡饮食，不食用过甜的食物、生的水果、全麦食品、干的大豆、爆米花，以及大豆、卷心菜、洋葱等易引起产气的蔬菜，也要避免食用辣椒等辛辣食物。

同时，准妈妈还要密切观察胎儿的情况是否良好，有无早产或流产的征兆，以便及早发现情况、及时处理。

在正常的怀孕过程中，孕妇身体里具有多种天然的抵抗力来保护胎儿。即使准妈妈出现严重的腹泻、呕吐症状，如果只是短时间，通常不会对宝宝造成伤害。不过，如果症状持续时间超过 48 小时，准妈妈出现严重脱水症状，或伴有高烧，就应该尽快去医院就诊，以便查明孕期腹泻原因。

Tips：孕妇腹泻，要及时就医。

孕妇容易便秘，也容易出现解软便且次数每日不只一次的肠胃表现；这是正常的。所谓腹泻，指的是水泻（拉稀）且次数较多，常伴随腹部不适症状。

孕妇腹泻，要及时就医。因为孕妇腹泻原因很多，因肠道炎症引起的腹泻，容易激发子宫收缩，引起流产；因细菌性感染引起的腹泻，还可能导致胎儿死亡，所以绝对不能忽视孕期腹泻。

麦片粥

材料：麦片 100 克，牛奶 1 杯 250 克。

调料：枸杞、白糖各适量。

做法：①锅置于火上，加适量清水，大火烧开，放入麦片，改用小火煮 3 分钟。②加入牛奶、枸杞，边煮边搅，煮开即可。

功效：富含粗纤维、蛋白质，可有效防治糖尿病、降低血糖。

热量：563kcal
蛋白质：21g
脂肪：17g
碳水化合物：90g

红烧茄子

材料：茄子 400 克，青柿子椒、番茄各 100 克。

调料：葱姜蒜末、水淀粉、蛋清、盐、植物油、白糖各适量。

做法：①茄子切滚刀块，泡入清水；番茄切块；青椒切片；蛋清与水淀粉调成糊。②茄子块捞出控水，挂上面糊，入油锅炸至金黄捞出。③锅内留底油，放葱姜蒜末爆香，放茄子块、青椒片、番茄块翻炒熟，加盐、白糖调味即可。

热量：245kcal
蛋白质：6g
脂肪：16g
碳水化合物：25g

热量：160kcal
蛋白质：3.3g
脂肪：11g
碳水化合物：14g

素烧丝瓜

材料：丝瓜 400 克。

调料：油、盐各少许。

做法：①把丝瓜去皮洗干净后切成长条备用。②锅内放少许油，烧至五成热时，放入丝瓜条翻炒。③翻炒至丝瓜条微软时，放盐翻炒几下即可盛盘。

砂仁蒸猪肘

热量：934kcal
蛋白质：59g
脂肪：54g
碳水化合物：66g

材料：砂仁 50 克，猪肘子 500 克。

调料：葱、姜、料酒、食盐、香油各少许。

做法：①猪肘子洗净，用竹签扎满小孔；葱、姜切碎；食盐锅内炒烫，倒出，稍热时于肘子上揉搓，置于陶瓷器中腌 24 小时。②腌后再清洗一遍，沥干；砂仁研成细末撒在肘子上，用干净白布包卷成筒形，再用细线捆紧，放入大碗中，加入葱末、姜末、料酒，入蒸笼蒸熟。③取出，抹香油，切片即可。高热量食品，适宜 2 人餐。

黄花菜粉丝汤

材料：黄花菜 200 克，粉丝 75 克。

调料：姜、盐各少许。

做法：①黄花菜洗净，粉丝洗净泡软，姜切成片。②锅内放适量水，放入黄花菜、姜片，大火煮开，再改用慢火炖约 20 分钟，快熟时加入粉丝，加盐调味即可。

热量：641kcal
蛋白质：38g
脂肪：3g
碳水化合物：131g

热量：145kcal
蛋白质：6g
脂肪：0.3g
碳水化合物：32g

绿豆海带汤

材料：绿豆 25 克，鲜海带 50 克。

调料：红糖适量。

做法：①绿豆淘洗干净。②海带放入清水中浸泡 4 小时，洗净，切成丝，用清水冲洗后，与绿豆同放入砂锅内。③砂锅置火上，加水煮至绿豆酥烂、汤汁黏稠，加入红糖，溶化后拌匀即可。

热量：180kcal
蛋白质：5g
脂肪：1g
碳水化合物：54g

胡萝卜汤

材料：胡萝卜 500 克。

调料：白糖适量。

做法：①胡萝卜洗净，切成小块，入锅加适量清水煮烂。②滤去胡萝卜渣，取汁液，加适量白糖，烧开即可。

热量：777kcal
蛋白质：89g
脂肪：38g
碳水化合物：23g

苹果炖鱼

材料：苹果 200 克，草鱼 1 条 600 克，瘦肉 150 克。

调料：植物油、红枣、生姜、盐、料酒各适量。

做法：①苹果切厚片，清水泡上；草鱼切块；瘦肉切片；生姜切小片。②锅内加油烧热，入姜片爆香，下鱼块小火煎至两面微黄，加料酒、瘦肉片、红枣，再加适量清水，中火熬炖，待汤稍白时，加苹果块，加盐，再炖 20 分钟即可。低脂肪低糖高蛋白食品，适宜 2 ～ 3 人餐。

红烧鹌鹑蛋

材料：鹌鹑蛋 300 克，肉汤 100 克。

调料：葱、姜、盐、香油各适量。

做法：①鹌鹑蛋洗净，入沸水锅中煮 3 分钟，捞出剥去外壳。②炒锅倒油烧至五成热，加煮好的鹌鹑蛋炸 5 分钟捞出。③炒锅内留少许油，加葱、姜、盐、香油、肉汤烧出香味，放炸好的鹌鹑蛋，小火焖至入味出锅。

热量：502kcal
蛋白质：33g
脂肪：39g
碳水化合物：6g

清汤鱼圆

材料：净鱼肉 200 克，笋片、水发木耳各适量。

调料：葱姜汁、料酒、盐、高汤各少许。

做法：①鱼肉拍松，入冷水浸泡去血水，沥水切细蓉，加葱姜汁、料酒、盐拌匀。②锅内加水，捏肉蓉成小丸下锅，水微开，关火，待丸子熟后捞出。③锅内放高汤，下笋片、木耳烧开，放鱼丸，加盐烧沸，盛出。高热量食品，适宜 2 人餐。

热量：765kcal
蛋白质：55g
脂肪：7g
碳水化合物：123g

热量：320kcal
蛋白质：33g
脂肪：18g
碳水化合物：9g

炒鳝丝

材料：鳝鱼 250 克，韭黄 150 克。

调料：植物油、葱末、姜末、蒜末、酱油、料酒、白糖、盐、高汤、水淀粉各适量。

做法：①鳝鱼入沸水略焯，捞出过凉水取肠、骨后，切 6～8 厘米长的段。②以葱末、姜末和蒜末及酱油、料酒、白糖、盐、高汤、水淀粉调成汁。③炒锅加油烧至九成热，倒鳝鱼段煸炒熟，倒入调好的味汁，炒拌均匀起锅。

热量：302kcal
蛋白质：7g
脂肪：1g
碳水化合物：68g

莲子粥

材料：糯米 50 克，莲子 20 克。

调料：冰糖 15 克。

做法：①糯米洗净后，用冷水浸泡两三个小时，捞出，沥干水分；莲子洗净，用冷水浸泡至软。②锅中加入约 1500 克冷水煮沸，将糯米、莲子依次放入，再次煮滚后转小火慢熬约 2 小时，粥稠以后，加入冰糖拌匀，即可盛起食用。

九 胎动不安 9

何谓胎动不安

胎动不安，又叫胎气不安，是指女性怀孕后阴道时常会有少量出血，并伴有腰酸腹痛、胎动下坠等症状，是妊娠常见一种症状，为堕胎、小产之先兆，西医称之为先兆流产或先兆早产。

情况若进一步严重，准妈妈的腰痛就会加剧，小腹坠胀感加强，并有血液、血块流出，若不及时医治，就会导致流产，甚者危及生命。

中医认为，胎动不安主要是由于准妈妈气血虚弱、脾胃亏损、血热或外伤引起，造成机体不能摄血养胎。

胎动不安的饮食宜忌

准妈妈究竟应该如何通过饮食进行安胎呢？

适宜食用的食物

◆ 宜食清淡、易消化又富营养的食物。

气血虚弱者，以清补为宜，可进牛奶、豆浆、豆制品、瘦肉、鸡蛋、猪心、猪肝、猪腰汤、山药、鱼类、蔬菜等。

◆ 不同体质宜进不同食物。

气虚者宜多吃补气固胎食物，如人参汤、鸡汤、小米粥等。

血虚者宜益血安胎，宜食糯米粥、龙眼、黑木耳、大枣、桂圆、羊肉、羊脊、羊肾、冬虫夏草、黑豆等。

血热者宜清热养血，宜食丝瓜、芦根、梨、山药、南瓜等。

适宜食用的药物

能治疗胎动不安的药物有太子参、白术、白芍、杜仲、砂仁、紫苏、陈皮、炙甘草、菟丝子、女贞子、阿胶、茯苓、枸杞等。

茯苓

不适宜食用的食物

◆ 不论虚实均忌薏米、肉桂、桃仁、螃蟹、兔肉、山楂、冬葵子、荸荠等。

◆ 血热者忌辛辣刺激、油腻及偏湿热的食物，如辣椒、羊肉、狗肉、猪头肉、姜、葱、蒜、酒等。

◆ 虚者忌生冷寒凉食品，如生冷瓜果、寒凉性蔬菜、冰冻冷饮、冰制品。

应经中医把脉确诊后辨明体质，确定胎动不安的类型。

Tips：好心情是一剂良药

有先兆流产的孕妈妈，除了饮食调理外，应严格遵医嘱，并保持心情舒畅，消除顾虑。因为焦虑、恐惧、紧张等不良情绪易加速流产。

珍珠南瓜

热量：285kcal
蛋白质：13g
脂肪：20g
碳水化合物：16g

材料：鹌鹑蛋100克，老南瓜200克。

调料：青椒、生姜、植物油、盐、白糖、湿生粉各少许。

做法：①鹌鹑蛋煮熟去壳，老南瓜去皮、去子、切块，青椒切片，生姜去皮切片。②烧锅下油，放入生姜片、鹌鹑蛋、南瓜、青椒片、盐炒至八成熟。③放入白糖轻炒，再用湿生粉勾芡，淋入明油炒至汁浓时，出锅入碟。

清炖鳝鱼

热量：285kcal
蛋白质：37g
脂肪：13g
碳水化合物：6g

材料：鳝鱼肉300克，芹菜100克。

调料：蒜、植物油、葱姜蒜丝、盐、料酒、花椒粉、酱油、醋、香油各适量。

做法：①鳝鱼切丝，芹菜和蒜切段。②锅内加油烧热，下鳝鱼丝炒5分钟，烹入料酒略焖，加葱姜蒜丝，放盐、酱油烧开，转小火烧2分钟。③改大火投入芹菜段，加醋、香油，下蒜、盐调味，最后撒上少许花椒粉即可。

炖羊肚

热量：726kcal
蛋白质：75g
脂肪：40g
碳水化合物：22g

材料：羊肚500克，油菜、花生各50克。

调料：盐、香油、料酒、牛奶、高汤、水淀粉、葱、姜各少许。

做法：①羊肚收拾干净，切成寸段，入沸水汆透；葱洗净切段，姜切片，油菜洗净。②锅加高汤，放羊肚和油菜、花生、盐、料酒、葱、姜烧开，改用小火炖烂。③汤汁变白时加牛奶，水淀粉勾芡，淋少许香油即可。适宜2人餐。

莲藕炖排骨

热量：765kcal
蛋白质：41g
脂肪：52g
碳水化合物：36g

材料：莲藕200克，排骨300克，红枣3粒。

调料：葱结、姜片、盐、料酒、植物油各适量。

做法：①排骨切段，莲藕切滚刀块。②锅加油烧至九成热，下葱结、姜片炒香，倒入排骨翻炒，烹入料酒炒出味。③炒好的排骨倒入砂锅加满开水，放莲藕块、红枣，大火烧开，改小火炖3小时，加盐调味即可。高热量食品，适宜2人餐。

平菇肉片

热量：279kcal
蛋白质：25g
脂肪：17g
碳水化合物：12g

材料：平菇 250 克，猪肉片 100 克。

调料：葱姜片、酱油、料酒、盐、油、淀粉适量。

做法：①平菇洗净撕片，入沸水烫透。②肉片加酱油、盐、料酒、淀粉拌匀备用。③炒锅加油烧热，放葱、姜爆香，放肉片煸炒，当肉片变色，加水、酱油、盐烧开。④放平菇，微火烧 5 分钟，转大火，待汁浓加水淀粉勾芡即可。

清蒸武昌鱼

热量：533kcal
蛋白质：54g
脂肪：34g
碳水化合物：4g

材料：武昌鱼 1 条 500 克。

调料：料酒、植物油、生抽、淀粉、姜、葱各适量。

做法：①武昌鱼去内脏洗净，姜切成末，葱切成丝；把姜末和葱丝撒在武昌鱼身上。②锅加蒸笼烧开水，把鱼放盘里，入蒸笼用火蒸 8 分钟拿出，撒上葱丝。③锅内加适量油烧热，加入料酒、淀粉勾芡后，把汤汁淋到鱼上，再加入生抽即可。

山药炖排骨

热量：1016kcal
蛋白质：67g
脂肪：70g
碳水化合物：33g

材料：排骨 500 克，山药 200 克，枸杞 10 克。

调料：料酒、盐各适量。

做法：①排骨洗净，剁成小块，入沸水汆烫。②枸杞洗净，山药去皮，切片备用。③锅内加入 500 毫升清水，放入所有材料，加上调料，隔水炖煮一个半小时即可。高脂肪食品，适宜 3 人餐。

仔鸡烧板栗

热量：1300kcal
蛋白质：76g
脂肪：67g
碳水化合物：104g

材料：仔母鸡 1 只 500 克，去皮板栗 250 克，鸡汤 200 克。

调料：酱油、水淀粉、盐、植物油各适量，白糖、蒜末各少许。

做法：①仔鸡洗净切块，入沸水锅大火煮 5 分钟。②煮好的鸡块放入烧油锅中，炸 5 分钟捞出。③另起锅，放入鸡块、鸡汤、板栗、酱油、盐、糖，大火煮。④待仔母鸡肉块松烂、板栗熟透时加蒜末，最后用水淀粉勾芡即可。高糖高热量食品，适宜 3 人餐。

锅仔牛腩

热量：1660kcal
蛋白质：86g
脂肪：146g
碳水化合物：0g

材料：牛腩 500 克。

调料：姜、蒜、葱、油各适量，料酒、酱油、胡椒粉各少许。

做法：①牛腩洗净，入水氽好，入锅内用清水煮半小时至熟。葱切段。②捞出后晾凉，切成小块，油锅烧热，下姜、蒜爆香，放入牛肉，加料酒、酱油，煮开。③锅开后改用小火煮 20 分钟，把所有调料都放进去，最后放葱段即可。高脂肪高热量食品，适宜 2～3 人餐。

松子鱼

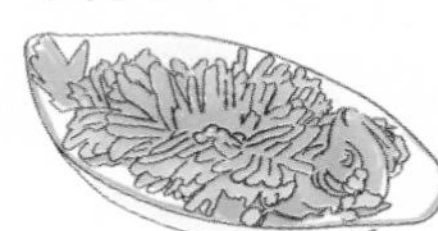

热量：492kcal
蛋白质：49g
脂肪：33g
碳水化合物：0.6g

材料：鲈鱼肉 400 克，鸡蛋 1 个，松子、榨菜粒各适量。

调料：生粉、蒜末、盐、糖、麻油、胡椒粉、白醋、植物油各适量。

做法：①鲈鱼肉洗净拭干，切厚块，加上除生粉外的所有调料腌 20 分钟；鸡蛋打散；松子放烤炉烘香。②锅内放油烧热，鱼块滚上蛋液、生粉，中火炸至金黄取出，再回锅炸至香脆。③盐、糖、麻油、胡椒粉、白醋拌匀调成芡汁。④锅留底油，爆香蒜蓉及榨菜粒，倒入芡汁煮滚，淋在鱼块上，撒上烘香的松子即可。

黑豆鸡爪汤

热量：498kcal 蛋白质：47g
脂肪：28g 碳水化合物：20g

材料：鸡爪 10 只（约 200 克），黑豆 50 克。

调料：料酒、姜片、盐、香油各少许。

做法：①鸡爪剪去爪尖，洗净；黑豆入温水浸泡半小时，换清水洗净。②鸡爪、黑豆、黄酒、姜片一起放入清水锅，加盖煮 2 小时。③加盐调味，再用小火焖煮一会儿，淋上香油，即可。

木耳莲藕鲫鱼汤

热量：640kcal
蛋白质：73g
脂肪：25g
碳水化合物：43g

材料：鲫鱼 550 克，莲藕 150 克，胡萝卜 100 克，黑木耳 20 克。

调料：姜末、葱末、料酒、盐、植物油各适量。

做法：①莲藕、胡萝卜洗净切片备用；黑木耳泡发。②鲫鱼处理干净后，煎到两面金黄，加凉水大火烧开。③将鲫鱼及汤换到砂锅中，放姜末、葱末、料酒煮开。④放入莲藕片、胡萝卜片，小火炖 20 分钟，放黑木耳，继续炖 20～30 分钟，最后加盐即可。低脂肪高蛋白食品，适宜 2 人餐。

十

孕期焦虑失眠

10

许多准妈妈被失眠所困扰，痛苦不堪。造成准妈妈失眠的原因有很多，比如妊娠压力、忧郁以及尿频、抽筋等，都有可能导致失眠。

孕妈妈失眠的原因

◆ 孕激素

女性孕期情绪受孕激素的影响，其起伏极大，不耐压力，造成情绪烦躁，从而影响睡眠质量。

◆ 尿频（起夜）

孕期，尤其是孕中晚期，不断增大的子宫压迫到膀胱，从而使得夜间小便的次数增加。

◆ 饮食习惯改变

有些准妈妈在怀孕期，口味发生很大的变化，饮食习惯骤然改变，也会影响孕期睡眠质量。所以，准妈妈建立均衡合理的饮食习惯很重要。

◆ 半夜抽筋

小腿抽筋，大都和睡眠姿势有关，一般情况下脚掌向下时会比较容易抽筋。另外，抽筋也可能和机体局部血液循环有关。准妈妈应尽可能地采取左侧卧，并且注意下肢的保暖，以避免因为血液循环不良而抽筋。

睡个好觉

1 舒服的床

宽大的床可以让孕妈妈尽情舒展四肢，还可避免掉到地上，是非常必要的入睡条件。一定硬度的加强型床垫更适合孕妈妈。因为怀孕后胎儿逐渐长大，腹内压力也随之增大，增大的压力作用于腰肌上，使腰肌更加紧张，并得不到稳妥的支撑，久而久之腰肌会发生疼痛和劳损。床单、被褥、枕头，还有靠垫、抱枕之类床上用品，要常常换洗保持清洁。一套纯棉、宽松舒适的睡衣也有利安眠。

2 放松的心情

孕妈妈可以学习一些放松心情的办法。比如冥想或参加瑜伽学习班。如果辗转反侧实在不能入睡，索性起床看看书、听听音乐，经过这么一折腾，也许会感觉疲劳而容易入睡了。

清蒸草鱼

热量：550kcal 蛋白质：53g
脂肪：37g 碳水化合物：3g

材料：活草鱼1条500克，火腿、冬笋、水发冬菇各适量。

调料：葱段、姜丝、盐、料酒、酱油、植物油、葱白丝、红柿子椒丝各少许。

做法：①草鱼洗净，沿脊骨斜切数刀；冬笋、火腿、水发冬菇切丝。②草鱼摆盘，上面放火腿丝、冬笋丝、冬菇丝，撒上盐、葱段、姜丝，加料酒、油，入蒸笼蒸约12分钟，取出后去除葱段、姜丝，浇上酱油，撒上葱白丝、姜丝和红椒丝即可。

鱼香茄子

热量：240kcal
蛋白质：5.5g
脂肪：16g
碳水化合物：25g

材料：圆茄子500克，红柿子椒适量。

调料：豆瓣酱、料酒、酱油、干淀粉、水淀粉、葱姜蒜末、盐、植物油、高汤各适量。

做法：①茄子去蒂去皮，洗净切条后用干淀粉上浆；红柿子椒洗净切片。②炒锅加油烧至八成热，放茄子条炸至淡黄捞出。③锅内留底油烧热，下豆瓣酱、葱姜蒜末煸香，烹入料酒，再加酱油、盐、高汤、红椒片烧沸，倒入茄子翻炒1分钟。④水淀粉勾芡，淋上香油出锅。

养心鸭子

热量：1300kcal
蛋白质：85g
脂肪：107g
碳水化合物：1.1g

材料：鸭子1只800克。

调料：葡萄酒、葱花、姜末各少许，酱油、盐各适量。

做法：①鸭子洗净，剁成小块，入沸水中焯一下捞出控水。②鸭块入炒锅中滑一下，捞出。③锅内另加适量油烧至八成热，倒入鸭块，淋上葡萄酒翻炒均匀，再淋上少许酱油，加盐调味；起锅时，撒上葱花、姜末即可。高蛋白高脂肪食品，适宜2～3人餐。

3 舒适的卧室

卧室最好远离客厅、厨房，并避免临近嘈杂的大街。它不必大，但要整洁有序，窗帘遮光性要好。新鲜的空气有助于睡眠，睡前最好开窗通风30～60分钟。上床前可别忘了关窗，以免受凉。

4 正确的睡姿

从孕中期开始，孕妈妈就不要仰卧睡眠了，要改成膝盖弯曲的侧卧位，这样宝宝的重量就不会压到负责将血液自腿和脚向心脏汇流的大静脉上，减少心脏负担。也可左右侧交替，以缓解背部压力。孕晚期更可优先选择左侧卧位。肝脏在腹部的右侧，这样能使子宫远离肝脏。

热量：1375kcal
蛋白质：96g
脂肪：96g
碳水化合物：32g

水晶肘片

材料：猪肘 1 个 500 克，猪肉皮 150 克。

调料：蒜泥 10 克，酱油、米醋、香油、葱段、姜片、花椒、小茴香各少许。

做法：①猪肘和猪肉皮刮洗干净，入沸水焯烫。②猪肘、猪肉皮放入盆内，加温水、花椒、小茴香、葱段、姜片，上蒸笼蒸 3 小时后取出，拣去葱段、姜片、花椒、小茴香、肉皮，把汤水过箩，浇回肘子中，晾凉凝成冻状。③食用时将肘子切片，浇上蒜泥、酱油、米醋、香油即可。

椰奶鸡块

材料：鸡腿 1 只 300 克，洋葱半个，扁豆少许。

调料：植物油、蒜末、料酒、酱油、淀粉、椰汁、盐、咖喱粉、糖各适量。

做法：①鸡腿去骨，切小块拌入料酒、酱油、淀粉稍腌渍，入炒锅滑散盛出。②洋葱切丁，与蒜末一起入热锅爆香，再倒入鸡肉块，加咖喱粉、盐、糖调味，小火焖 5 分钟。③倒入椰汁，加上扁豆，待扁豆软熟出锅。

热量：575kcal
蛋白质：34g
脂肪：47g
碳水化合物：4g

热量：564kcal
蛋白质：41g
脂肪：34g
碳水化合物：29g

豆焖鸡翅

材料：黄豆、胡萝卜丁各 50 克，鸡翅 4 只 200 克。

调料：花椒水、姜、盐、葱、姜汁、高汤各适量。

做法：①黄豆加葱、姜等调料煮熟；鸡翅用花椒水、姜汁、盐、葱等腌渍入味。②炒锅加油烧至八成热，下入腌好的鸡翅，翻炒至变色，加其他材料及适量高汤，转小火，一同焖至汁浓即可。

莲子银杏炖乌鸡

材料：乌鸡 1 只 500 克，莲子、银杏各 10 克。

调料：姜、盐各少许。

做法：①乌鸡洗净；银杏洗净；莲子去心；姜切成片。②锅内加清水烧开，放入乌鸡、姜片汆一下，除去血水，捞出。③乌鸡、莲子、银杏一起放入炖盅内，加适量清水炖约 2 小时，加盐调味即可。适宜 2 人餐

热量：806kcal
蛋白质：58g
脂肪：47g
碳水化合物：38g

热量：206kcal
蛋白质：10g
脂肪：14g
碳水化合物：12g

香干炒芹菜

材料：香干3块50克，芹菜300克，小葱1根。

调料：植物油、料酒、盐各适量。

做法：①芹菜去根、叶、筋，洗净切段，粗茎切成两半。②香干洗净切丝；小葱洗净切成葱花。③芹菜段放入沸水煮3～5分钟，取出沥干。④炒锅倒油烧热，倒入葱花煸炒，将芹菜段放入炒半分钟，再把香干倒入，烹上料酒，加适量盐，翻炒几下，出锅盛盘即可。

虾仁白菜

材料：小白菜、虾仁各约180克。

调料：植物油、糖、白醋、酱油、香油、葱姜蒜末、淀粉、料酒各适量。

做法：①小白菜洗净切成段，放入盘中；将糖、白醋、酱油、香油、葱姜蒜末调成酱汁。②起炒锅，加入料酒、淀粉，放入虾仁快炒至八成熟时，熄火取出，放在小白菜段上；将酱汁拌匀，待食用前淋上即可。

热量：265kcal
蛋白质：21g
脂肪：17g
碳水化合物：8g

热量：213kcal
蛋白质：15g
脂肪：15g
碳水化合物：8g

紫菜蛋花汤

材料：紫菜2张15克，鸡蛋2个。

调料：葱、盐、香油、高汤各适量。

做法：①紫菜用剪刀剪成条状；葱洗净，切成末；鸡蛋打散备用。②锅中倒入5杯高汤煮开，放入蛋汁、紫菜条以及葱末煮滚，加入盐、香油调匀即可。

茶叶蛋

材料：鸡蛋8个500克，茶叶少许。

调料：酱油、盐、八角、花椒、干姜各少许。

做法：①鸡蛋洗净入锅，加水煮熟（约7分钟）。②鸡蛋去壳，放砂锅中，加水漫过鸡蛋，再放茶叶和酱油、盐、八角、花椒、干姜，中火煮开后改小火煮约40分钟熄火。③鸡蛋继续浸泡2小时，捞出即可。每人每天食用1～2个。

热量：550kcal
蛋白质：45g
脂肪：39g
碳水化合物：5g

十一 孕期小腿抽筋

小腿抽筋的三个原因

半数以上的准妈妈在孕期经常发生小腿抽筋，夜间睡眠时会突然因抽筋而惊醒，甚至白天也会出现，特别在久坐、疲劳或受寒后。

◆ 一是准妈妈日渐增大的子宫压迫下肢血管及神经，使腿部血液循环不良所致。

◆ 二是准妈妈疲倦、寒冷、不合理的姿势以及体内钙、磷比例失调导致神经系统应激功能过强，从而出现小腿抽筋。

◆ 三是一些孕妇由于在饮食等方面没有特别注意补钙，因而造成体内钙的缺乏，也容易出现小腿抽筋。

应对小腿抽筋三步走

❶ 自己或让家人轻轻按摩小腿后方变硬的肌肉、局部热敷和扳动足部，能够有效地缓解抽筋症状。

❷ 改变走路习惯，让脚后跟先着地，伸直小腿时脚趾弯曲些不朝前伸，也可减少小腿抽筋的发作。此外，准妈妈还应注意下肢保暖，这对防小腿痉挛颇为重要。

❸ 在饮食方面保持营养均衡，多摄取富含钙、钾、镁的食物，如牛奶、瘦肉类、蛋类、鱼类、豆类及豆制品、坚果类、芝麻，虾皮、蟹、蛤蜊、海带和紫菜等海产品也有助于防止小腿痉挛。

Tips：孕期是否缺钙需综合判断

孕妇不宜把小腿是否抽筋作为是否需要补钙的唯一指标，因为每个人对缺钙的耐受值是有所差异的，有些孕妇在钙缺乏时，并不一定出现小腿抽筋的症状。

炒南瓜片

材料：老南瓜 200 克。

调料：植物油、盐、白糖、水淀粉、香油、生姜各适量。

做法：①老南瓜去皮去子，切成片；生姜去皮切成片。②炒锅内放油加热，放入生姜片、老南瓜片、盐炒至八成熟。③调入白糖轻炒，再用水淀粉勾芡，淋入香油炒至汁浓时，出锅入盘即可。

热量：128kcal
蛋白质：1.2g
脂肪：10.2g
碳水化合物：9g

高升排骨

材料：小排骨 600 克，菠菜 300 克。

调料：大蒜、料酒、醋、白糖、酱油、盐、清水、植物油各适量。

做法：①菠菜洗净，切小段；大蒜切碎；小排骨先汆烫，去除血水后洗净沥干。②将小排骨放入锅内，加大蒜、料酒、醋、白糖、酱油等调料。③烧开后改小火，烧至汤汁收干、排骨酥软。④热油锅下蒜末炒香，放入菠菜段炒熟，加盐调味后盛出；将收干汤汁的排骨铺在菠菜上即可。高脂肪食品，适宜 3 ～ 4 人餐。

热量：1355kcal
蛋白质：79g
脂肪：111g
碳水化合物：15g

热量：1780kcal
蛋白质：39g
脂肪：180g
碳水化合物：0g

东坡肉

材料：带皮五花肉 600 克。

调料：酱油、黄酒、白糖、葱结、姜块各适量。

做法：①五花肉洗净，入沸水锅煮 10 分钟，捞出切成 3 厘米见方的块。②取一砂锅，加入清水，用竹箅子垫底，铺上葱结、姜块，再将五花肉皮朝下排在上面，加入白糖、酱油、黄酒，加盖密封，用大火烧开，再改小火炖 2 小时后将其扣入盘中，拣去葱结、姜块，浇上原汁即可。高脂肪食品，适宜 3 ～ 4 人餐。

热量：700kcal
蛋白质：80g
脂肪：32g
碳水化合物：23g

糖醋里脊

材料：里脊 400 克。

调料：番茄酱、植物油、料酒、酱油、盐、糖、醋、面粉、清水、葱姜末、水淀粉各适量。

做法：①里脊切菱形块，用料酒、少许酱油和盐腌 5 分钟；面粉加等量清水搅成糊，放入腌好的里脊块拌匀。②炒锅放油七成热，放里脊炸成金黄色，捞出。③炒锅留底油，爆香葱姜末，放番茄酱、盐、酱油、糖、醋，再加少许水和水淀粉，搅匀煮开，放入炸好的里脊翻炒，使每块里脊裹上糖醋汁，盛盘即可。猪里脊脂肪低、蛋白质含量较高。适宜 2 人餐。

腊肉炒蕨菜

材料：蕨菜 300 克，腊肉 100 克。

调料：姜葱丝、料酒、水淀粉、盐、清汤、熟植物油各适量。

做法：①蕨菜洗净，用沸水焯一下（焯水时加入植物油）。②腊肉洗净，切成薄片备用。③坐锅点火倒油，放入葱姜丝煸炒出香味，加入腊肉、蕨菜、清汤、料酒、盐炒匀，用水淀粉勾薄芡，出锅时淋上一点儿熟植物油即可。

热量：588kcal
蛋白质：12g
脂肪：59g
碳水化合物：3g

黄瓜拌猪耳

热量：410kcal
蛋白质：39g
脂肪：27g
碳水化合物：3g

材料：熟猪耳 200 克，黄瓜 100 克。

调料：盐、香油、清汤各适量。

做法：①熟猪耳切成细长丝；黄瓜洗净后削皮，切成丝。②盐、香油、清汤调成味汁。③猪耳丝、黄瓜丝加入味汁搅拌均匀，装盘即可。

热量：2600kcal
蛋白质：127g
脂肪：15g
碳水化合物：524g

绿豆糕

材料：绿豆粉 500 克，糯米粉 85 克，白糖 80 克，绿豆沙 80 克。

调料：植物油适量。

做法：①绿豆粉、糯米粉、白糖，搅拌后用密眼筛筛过，作为糕的底层用粉。②用木制的印板，下面先铺一层底粉，中间夹进豆沙或枣泥，上面再铺一层糕粉，压实，两面抹上植物油，上笼蒸熟倒出即可。高热量高植物蛋白高糖食品，建议每人每日食用 50 ～ 100 克。

热量：200kcal
蛋白质：8g
脂肪：15g
碳水化合物：17g

油焖笋

材料：春笋 500 克。

调料：植物油 20 克，料酒、酱油、白糖、盐、香油各少许。

做法：①春笋去皮洗净，切成小滚刀块。②炒锅热油，放春笋块煸炒 1 分钟，烹入料酒，调入 1 大勺酱油、1 大勺白糖、100 克清水，大火烧开后转小火，加盖焖 5 分钟。③改大火收汤汁，加盐调味，最后淋入香油拌匀即可盛盘。

荷叶糍粑

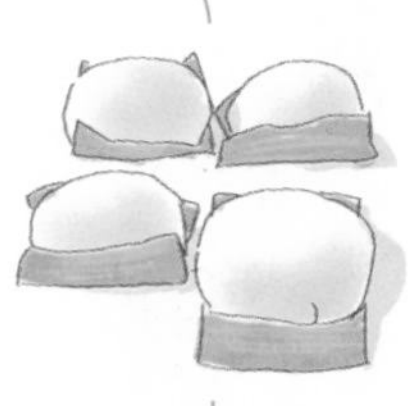

材料：糯米 1000 克，熟芝麻 20 克，核桃仁、蜜饯、火腿各 25 克，豆沙 100 克。

调料：植物油、猪油、糖各适量。

做法：①糯米洗净、浸泡、蒸熟、舂蓉后，分为 10 个剂子，压扁为直径 10 厘米的圆饼。可用糯米粉代替。②蜜饯、火腿、核桃仁切末，加豆沙、猪油、糖，拌匀成馅。③平锅倒油放圆饼，小火稍煎，锅铲压薄放馅，对折为半圆形，边缘压合为上下粘连交错的褶皱，再煎成两面微黄壳脆即可。可制作成品 20 个，高糖食品，适宜 2 ～ 3 人餐。

热量：3900kcal
蛋白质：88g
脂肪：30g
碳水化合物：842g

蛋皮海带汤

材料：鸡蛋 2 个，海带 100 克。

调料：植物油、盐、胡椒粉、高汤、香油、葱各适量。

做法：①海带洗净控水，切段；葱洗净切成末；鸡蛋打散。②锅内加油烧热，倒入蛋液，煎成蛋皮，取出切丝。③锅内加高汤烧开，放海带段，加盐和胡椒粉调味，煮开后起锅装碗，加切好的蛋皮丝，撒葱末，淋香油即可。

热量：241kcal
蛋白质：13g
脂肪：20g
碳水化合物：4g

热量：669kcal
蛋白质：54g
脂肪：50g
碳水化合物：0g

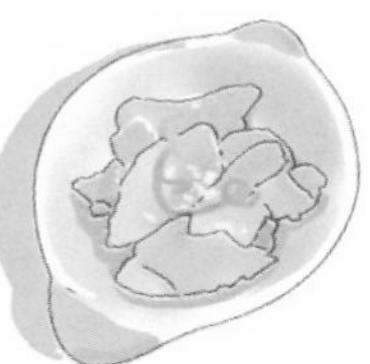

鱼香蹄花

材料：猪蹄 1 只 400 克。

调料：葱、姜、蒜各适量，植物油、料酒、白糖、醋、酱油、淀粉各少许。

做法：①猪蹄洗净剁成小块，入水汆好后过凉控水。②猪蹄块与葱、姜、蒜入锅煮半小时，熟软后关火。③炒锅另加油，倒入猪蹄块和所有调料，炒好后盛放入盘即可。

热量：452kcal
蛋白质：9g
脂肪：11g
碳水化合物：60g

泡菜炒饭

材料：米饭 300 克，泡菜 50 克。

调料：植物油、葱、芥末油各适量。

做法：①泡菜沥干水分，切成丁；葱切成末。②锅内加适量油烧热，下葱末爆香，下泡菜丁翻炒至八成熟，倒入米饭，加盐、胡椒粉调味，翻炒均匀入味即可。

十二 妊娠纹及妊娠斑

预防妊娠纹

高达 90% 的孕妈妈怀孕后期，会在腹部、大腿内侧、乳房或臀部，出现粉红至暗红色的条纹，这就是妊娠纹。妊娠纹是一种生理变化，不损害健康，有的孕妈妈会发痒。妊娠纹一般发生在孕中、晚期。分娩后，由紫红色转变成白色，并渐渐变淡，不会完全消失。再次妊娠时旧的妊娠纹也是白色的。

如果孕妈妈怀孕之前经常进行腹部肌肉锻炼，腹肌的弹性良好，较不易有妊娠纹。适度的给予皮肤滋润保养，增加其弹性以对抗延展，也可以减少妊娠纹的发生。

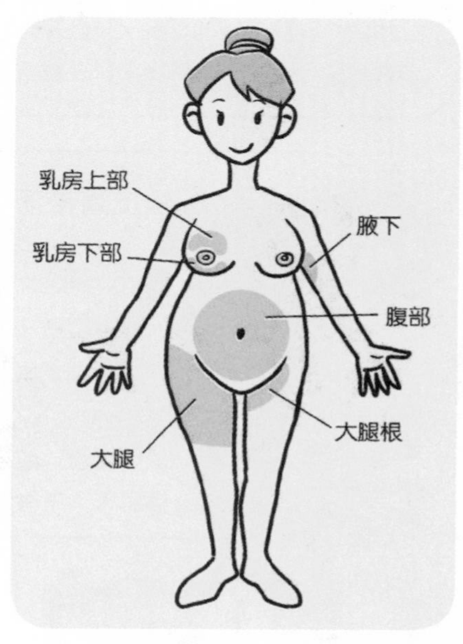

容易出现妊娠纹的部位

预防妊娠斑

超过 50% 的女性在怀孕后期，会出现面部的色素沉着，就是妊娠斑。妊娠斑的出现也与孕妈妈体内各种内分泌活动增加而导致的黑色素细胞增加有关。

◆ 出门注意防晒，阳光最烈的时候不出门。

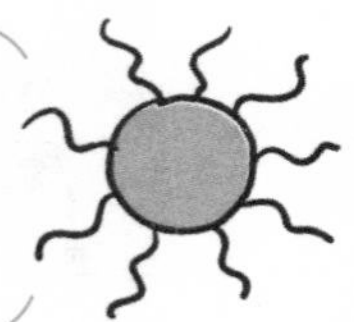

◆ 涂防晒霜，戴帽子或打伞，防止阳光直接照射。

◆ 保证充足的睡眠和规律的生活。

◆ 多吃水果、蔬菜，摄取足够的维生素 C，少食辛辣食物。

蜜汁土豆丁

热量：237kcal
蛋白质：6g
脂肪：1g
碳水化合物：56g

蜜汁土豆丁

材料：土豆 200 克，苹果 1 个，胡萝卜、菠萝各 50 克。

调料：蜂蜜、盐、姜汁、高汤各适量。

做法：①苹果去皮、去核，土豆、菠萝、胡萝卜去皮，都切丁。②锅内加适量高汤，放土豆丁烧开，加盐调味，再放胡萝卜丁，烹入姜汁。③把苹果丁、菠萝丁都放进锅，加蜂蜜拌匀，待汤汁浓稠，起锅即成。

番茄西兰花

材料：樱桃番茄 100 克，西兰花 150 克。

调料：植物油、盐各适量。

做法：①樱桃番茄洗净，对半切开。②西兰花洗净并掰成小朵。③炒锅入油烧至六分热，倒入西兰花块和樱桃番茄块，加入盐炒熟。盛盘时，西兰花摆中间，樱桃番茄摆周围即可。

番茄西兰花

热量：197kcal
蛋白质：6g
脂肪：16g
碳水化合物：11g

热量：150kcal
蛋白质：1.3g
脂肪：0.5g
碳水化合物：38g

猕猴桃沙拉

猕猴桃沙拉

材料：菠萝、苹果、猕猴桃、香蕉各 50 克，番茄 20 克，樱桃 10 克。

调料：白糖适量。

做法：①猕猴桃、香蕉剥开，果肉切成块；菠萝、苹果洗净，去皮，切成块；番茄用十字刀法一分为四。②上述材料放进容器里，加入白糖拌匀，再加入洗净去蒂的樱桃即可。

芹菜黄豆

材料：芹菜 400 克，黄豆 50 克。

调料：植物油、盐、香油各少许。

做法：①芹菜择洗干净，切成小段，放沸水中烫一下捞出，用凉水拔凉，控干水分。②将黄豆煮至烂熟。③将芹菜段放入盘内，黄豆放在芹菜段上面，加入盐、香油，拌匀即可。

芹菜黄豆

热量：340kcal
蛋白质：20g
脂肪：19g
碳水化合物：31g

芙蓉番茄

热量：150kcal
蛋白质：7g
脂肪：1g
碳水化合物：26g

芙蓉番茄

材料：番茄400克。

调料：鸡蛋清、洋葱、核桃仁各适量，盐、料酒、白糖各少许。

做法：①番茄开水稍烫去表皮，切丁。②鸡蛋清加盐、料酒拌匀待用，洋葱去皮洗净切末。③炒锅放油烧至四成热，倒洋葱末炒出香味，再放鸡蛋液炒散，加番茄丁、白糖、盐炒均匀，撒入核桃仁即可。

清炒山药片

材料：鲜山药400克。

调料：葱段、蒜苗、姜片、醋、香油、盐各少许。

做法：①鲜山药去皮洗净，切成片；蒜苗去皮洗净，切碎。②锅置火上，加油烧热，下入葱段、姜片爆香，再放入山药片翻炒。③放入蒜苗，加盐，待快熟时淋上少许香油和醋，翻炒均匀即可。

清炒山药片

热量：280kcal
蛋白质：7g
脂肪：11g
碳水化合物：42g

热量：236kcal
蛋白质：7g
脂肪：1.5g
碳水化合物：56g

草莓樱桃汁

草莓樱桃汁

材料：草莓、树莓各250克，樱桃150克，蜜桃100克。

做法：①草莓和树莓先在凉水里仔细冲洗干净，再放到温淘米水中浸泡数分钟，然后去蒂。②樱桃仔细洗干净，并去掉果蒂、果核。③蜜桃仔细清洗干净，去掉皮，用刀把果肉削下来。④草莓、树莓、樱桃、蜜桃肉一齐放入榨汁机中榨汁，取果汁饮用即可。

香菇烧豆腐

材料：豆腐300克，香菇50克，胡萝卜、姜末少许。

调料：植物油、盐、酱油、糖、香油、淀粉各适量。

做法：①豆腐切成四方小块。②香菇洗净泡软，切成小块；胡萝卜洗净，切成薄片。③锅内加油烧热，下姜末爆香，放入胡萝卜片煸炒，再放入香菇块，加酱油、糖和盐调味，快熟时加入豆腐块，一同翻炒至熟，最后用淀粉勾芡，淋少许香油即可。

香菇烧豆腐

热量：440kcal
蛋白质：34g
脂肪：22g
碳水化合物：44g

热量：830kcal
蛋白质：29g
脂肪：11g
碳水化合物：220g

夏日西瓜盅

材料：西瓜 1 个，葡萄 300 克，桃子、银耳各 200 克，番茄 100 克，黑芝麻少许。

调料：蜂蜜适量。

做法：①西瓜洗干净，并在西瓜小头 1/5 处以锯齿状环形切开，挖出西瓜瓤，并取汁。②桃子和番茄去皮，切成片。③银耳泡发好，控水，放入盘内。④葡萄洗干净后，压榨取汁。⑤葡萄汁、西瓜汁与蜂蜜调匀。⑥上述所有原料一起放入西瓜内，撒上黑芝麻即可。适宜 4 人餐。

菠菜炒木耳

材料：菠菜 300 克，水发木耳 100 克。

调料：油、蒜片、盐各适量。

做法：①菠菜和木耳洗干净，切成段。②锅内加油烧热，下蒜片爆香，放入菠菜和木耳煸炒，加盐调味，至熟即可。

热量：175kcal
蛋白质：8g
脂肪：11g
碳水化合物：18g

热量：86kcal
蛋白质：1.5g
脂肪：0.4g
碳水化合物：23g

芒果菠萝汁

材料：菠萝 300 克，芒果 100 克。

调料：无。

做法：①菠萝去皮并切成块，放入搅拌机。②芒果洗净，去皮，放入搅拌机搅匀，滤汁，倒入杯中。③立即饮用。

韭菜豆芽

材料：绿豆芽 200 克，韭菜 100 克。

调料：植物油、盐各适量。

做法：①韭菜洗净，切成段；绿豆芽洗净。②锅中放入油，烧热至起烟，倒入韭菜段和绿豆芽，快速翻炒几下，放入盐，再翻炒几下即可出锅。

热量：150kcal
蛋白质：7g
脂肪：11g
碳水化合物：10g

milk

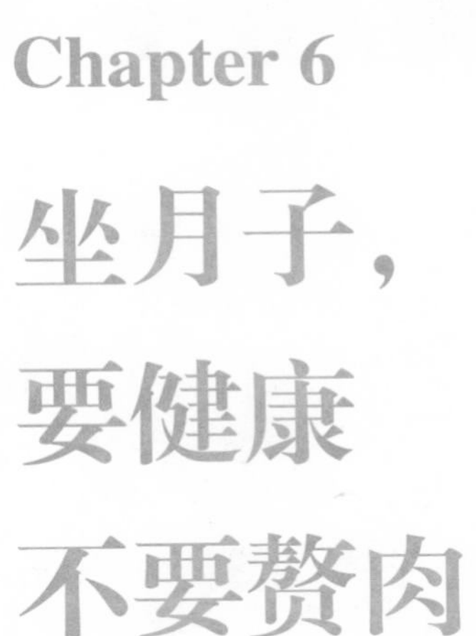

Chapter 6 坐月子，要健康不要赘肉

孕期和分娩使得女性身体发生了非常大的变化，尤其是分娩，更让身体经历一场严酷的考验，这些都需要通过月子来调整和补充。科学坐月子，要健康也要苗条。

一 关于月子，你应该知道的事

坐月子不是躺月子

产妇在生产过程中会消耗很多体力，感到十分疲劳，产后最要紧的事就是好好休息。但坐月子不是躺月子，长期卧床休息，完全不活动，有许多坏处。而及时适量地做适宜的活动更有利于产妇身体的恢复。如，适量活动可促进肠蠕动，早排气，防止肠粘连，尤其对剖腹产的产妇；适量活动还有利于防止便秘、尿潴留的发生。

顺产的情况下，新妈妈在分娩后，就可以开始与新生儿作肌肤接触，尝试让新生儿吸吮乳头（三早：早接触、早吸吮、早开奶）。头2小时要在产房观察产后状况，4小时内要尝试排尿，情况良好可以尝试下床慢慢走动、上厕所等；分娩后24小时则可以下地做些轻微的活动，比如自己洗脸、刷牙等，但还不能做家务劳动。分娩后身体恢复得好，在医院复查没有任何异常的前提下，3～4天后即可到户外做散步等轻微的活动，但要避免吹风受寒。

对于剖腹产的新妈妈，分娩后的第二天可以在床上活动，或者扶着床沿走走；第三、四天可以下床做些轻微的活动；而正常活动，则必须等到伤口愈合好，局部无红肿或出血后才可以。

母乳喂养益处多多

◆ 最能满足婴儿的营养需求

母乳中的蛋白质与矿物质含量虽不如牛乳，却能调和成利于吸收的比例，使婴儿能吸收到营养，而不会增加消化及排泄的负担。母乳中也有良好的脂肪酸比例，容易吸收，并保证婴儿正常发育。母乳中还有足够的氨基酸与乳糖等物质，促进婴儿脑发育。

◆ 哺乳有助于新妈妈子宫复原

哺乳过程中婴儿的吮吸，会刺激母体内缩宫素的分泌而引起子宫收缩，从而减少产后子宫出血的危险。还可促进产后子宫较快地恢复到孕前状态，并可避免乳房肿胀和乳腺炎的发生。

◆ 为建立良好的亲子关系打下基础

母乳含有一种天然促进睡眠的蛋白质，宝宝的吸吮也会使妈妈体内分泌有助于放松的激素。同时，哺乳过程中，婴儿和母亲有皮肤对皮肤、眼对眼的接触，满足了婴儿对温暖、安全及爱的需求。

◆ 可以增强宝宝的抗病能力

母乳中含有抗体能增强抵抗力和免疫力，吃母乳的小孩不易患肠炎、腹泻、中耳炎、食物过敏、肺炎以及其他呼吸系统疾病。

◆ 哺乳有助于新妈妈的体形恢复

怀孕期间母亲身体积蓄的脂肪，就是大自然为产后哺乳而储存的“燃料”。哺乳会消耗母亲体内额外的热量，喂奶母亲的新陈代谢会改变，不用节食就能达到减肥目的。

◆ 哺乳保护母亲不受一些疾病的侵扰

许多研究表明，哪怕仅仅哺乳几个月，妈妈患乳腺癌的概率会大大少于从未哺乳的妈妈。

产后瘦身应有节奏　产后减肥最佳时间的把握对于恢复产前的身材很重要。

◆ 产后第一周

挑选轻柔、舒适并且可以 24 小时穿着的束腹产品，搭配弹性适中、穿脱容易的紧缩裤。这样就可以给予子宫适度的压力，帮助体内机能慢慢恢复。同时尽量配合适度的产后运动，让骨盆、阴道恢复正常。

◆ 产后第二周

白天在腹部位置使用束缚力较强的束腹产品，因为可以借由强劲的紧缩力道，贴紧腹壁，以消除囤积在下腹部的脂肪，同时还能帮助腹直肌及左右骨盆恢复原状。晚上，最好还是换回第一阶段的舒适穿着。

◆ 产后第六周

产后减肥的最好方式其实是母乳喂养。母乳喂养会消耗一定热量，可以说是最健康而且还有利于培养亲子感情的减肥方式。

◆ 产后四个月

产后满二个月起且身体得到恢复后，可以开始循序渐进地减重。这时，可以适当加大运动量，并减少一定食量，改善饮食结构。不过进行母乳喂养的新妈妈，一定要保证营养的摄取，只要不吃太高热量的食物就可以了。

◆ 产后六个月

“减重的黄金时期”。此时母体的激素会迅速恢复到原有状态，同时新陈代谢的速率也会因此而恢复正常，甚至加快，使得身体自然进入到减重的最佳状态。即使仍然是母乳喂养，因为要开始添加辅食，新妈妈也可以适当减少一些食量了。但是一定要注意营养均衡，尽量多吃高营养、低热量的食物，还不能减少水分的摄入。同时采取有效的运动减重方式，比如瑜伽、游泳等。

Tips：　形成产后肥胖的一个主要原因是怀孕期多吃少动的生活习惯已经固定下来，形成了增肥的生活惯性。为了控制体重，还需要我们从改变生活习惯入手。

1 辛辣温燥食物

辛辣温燥食物可助内热，而使产妇虚火上升，易出现口舌生疮，大便秘结或痔疮等症状，也可能通过乳汁使婴儿内热加重。因此饮食宜清淡，尤其在产后5～7天之内，应以软饭、蛋汤等为主，不要吃过于油腻和麻辣的食物，例如大蒜、辣椒、胡椒、茴香、酒、韭菜等辛辣温燥食物和调味香料。

2 寒凉生冷食物

产妇产后身体气血亏虚，应多食用温补食品，少食寒凉生冷食物，以利气血恢复。未煮熟的食物往往不易消化，这对脾胃功能较差的产妇（特别是分娩后7～10天内的产妇）来说是一个负担，很可能引起消化功能不良。生冷食品未经高温消毒，可能带有细菌，进食后易导致产妇患肠胃炎。另外，凉拌菜和冷荤也不利于恶露的排出和淤血的去除。

3 煎炸食品和甜食

煎炸食物容易引起脾胃热滞，引致便秘或肚胀；而甜点吃得过多也会导致脾虚生湿，造成虚湿积滞，引发腹泻。

4 茶

茶叶中含有的鞣酸会影响肠道对铁的吸收，容易引起产后贫血；另外，茶水中还含有咖啡因，饮用茶水后会难以入睡，影响新妈妈的体力恢复。而且茶水通过乳汁进入宝宝体内后，会让宝宝突然肠胃痉挛，烦躁大哭。

5 少吃味精

味精在饮食中尽量少用，且味精内的谷氨酸钠会通过乳汁进入婴儿体内。过量的谷氨酸钠对婴儿，尤其是12周内的婴儿发育有严重影响，它能与婴儿血液中的锌发生特异性的结合，生成不能被机体吸收的谷氨酸，而锌却随尿排出，从而导致婴儿锌的缺乏。

6 不宜盲目进补

每个人的体质不同，对营养的需求也不完全相同，适当地喝汤进补是可以的，但不适当或过量地进补反而对身体不利。应综合考量个人体质和产后四周生理阶段特点制定产后恢复调理方案。

比如产后在服用生化汤的基础上，出现产后恶露排出不畅、下腹隐痛的人，可以用益母草煲汤。如果没有这类情况，就不宜喝，以免出现产后出血增加或便秘。有的人家中有进补的习惯，将桂圆、黄芪、党参、当归等补血补气的中药煲汤给产妇喝也是可以的。但最好等恶露排出后或等恶露颜色不再鲜红时再补，否则会增加产后出血的机会。桂圆中含有抑制子宫收缩的物质，不利于产后子宫的收缩恢复，不利于瘀血排出。

有些补品，比如人参、鹿茸，尤其要慎重。人参、鹿茸这种药是要在医生的指导下才能吃，不是随便什么人都能吃的。它们是补，但有的人是“虚不受补”，身体虚弱，无法消化吸收补品，以致补不进去反而上火等情况。

7 忌吃红糖过久

在我国，无论南方还是北方，妇女产后喝红糖水是一种惯有的习俗。红糖性温和，可以健脾暖胃、益气养血，活血化瘀，能够帮助产妇补血、散寒。因保留了95%的蔗糖，易于被人体消化吸收，所以可以迅速补充热量，这些对产妇都特别有益。它的含铁量高（每100克红糖约含铁4mg），有助于产后补血。但食用过多，则会使恶露增多，导致慢性失血性贫血，甚至会影响子宫恢复以及产妇的身体健康。

产妇食用红糖可与山楂或生姜一起熬煮，服用时间最好控制在产后10～12天之内，因为产后10天，恶露逐渐减少，子宫收缩也逐渐恢复正常。

下面这些食物产妇不要吃：

蔬菜类

白萝卜、茴香、韭菜、香菜、泡菜、腌菜、黄瓜、大白菜、苦瓜、茄子

调料类

花椒、胡椒、大料、醋、味精、鸡精、辣椒、生葱、生蒜

水果类

西瓜、香瓜、梨、椰子

Tips：对鱼虾过敏的产妇，不要吃海鲜。

产后新妈妈因为哺乳的需求，每天需要热量 2700 ～ 2800 千卡，因此新妈妈的饮食量大致应比怀孕前增加 30% 左右为好。菜谱也需要考虑营养的均衡，荤素搭配，适当增加蛋白质和膳食纤维的摄取量，注意食材多样化，尽量不挑食、不偏食。切记，产妇无需“大补”，只要饮食合理、平衡、营养丰富就可以了。

产后 1 ～ 2 天，产妇的消化能力较弱，所以应摄入容易消化的食物，而且不能吃油腻的食物。产后 3 ～ 4 天，不要急于喝过多的汤，避免乳房乳汁过度瘀胀。产后 1 周，产妇胃口正常，可进食鱼、蛋、禽等，但最好做成汤类食用为宜。建议以升糖指数较低者先吃，可使血糖稳定，延长饱腹感。

产妇产后正确的进餐顺序应为：汤→青菜→肉→饭，半小时后再进食水果。饭前先喝汤。

月子饮食安排

产后第一周（1 ～ 7 天）	活血化瘀、促进恶露排出、恢复血气、恢复肠胃功能、恢复伤口
产后第二周（8 ～ 14 天）	补中益气、补充气血
产后第三、四周（15 天～月子结束）	补肾固要、滋养进补

产后第一周，产妇需要禁忌生冷食物，包括冰凉的食物和性质寒凉之品，如：白萝卜、咸菜、白菜、生菜、茄子、苦瓜、黄瓜、梅干、味噌汤、各种茶类、啤酒、果汁、醋。下面推荐一份产妇健康食谱。

早餐空腹：生化汤 100ml（一杯分三次喝） 早餐：麻油猪肝一碗、薏仁饭一碗 10 点：红豆汤一碗

午餐空腹：生化汤 100ml（一杯分三次喝） 午餐：麻油猪肝一碗、薏仁饭一碗 3 点：紫米粥一碗

晚餐空腹：生化汤 100ml（一杯分三次喝） 晚餐：素炖品一碗 晚上点心：红豆汤一碗

从第二周开始，产妇可吃少量蔬菜和水果，但须选择比较温和的蔬菜和水果，并尽量以红色蔬菜为主，如红萝卜、西红柿、红菜苔等。水果以苹果、桃子、樱桃为宜。注意，产后所有的食物及饮料，都要吃温热的，不能冷吃（水果除外）。

第三周和第四周，可以滋养进补，第三周以补气健脾为主，第四周以补胃强筋壮骨为主。在食物的烹调上，有一个原则：煮炖蒸为宜，煎炸就不要考虑，炒菜还可以。煮炖蒸，油比较少，也容易消化；煎炸的食物不好消化。

四 产后适合吃这些蔬菜和水果

产后适合吃的蔬菜

莲藕：莲藕含有大量的淀粉、维生素和矿物质，是祛淤生新的佳蔬良药。新妈妈多吃莲藕，能及早清除腹内积存的瘀血，增进食欲，帮助消化，促使乳汁分泌，有助于对新生儿的喂养。

莴笋：莴笋含有钙、磷、铁等多种营养成分，能助长骨骼、坚固牙齿。尤其适合产后少尿和乳汁不畅的新妈妈食用。

黄花菜：黄花菜中含有蛋白质及矿物质磷、铁、维生素 A、维生素 C 等，营养丰富，味道鲜美，尤其适合做汤用，产褥期容易发生腹部疼痛、小便不利、面色苍白、睡眠不安，多吃黄花菜可有助于消除以上症状。

黄豆芽：黄豆芽含有大量蛋白质、维生素 C、纤维素等，蛋白质是生长组织细胞的主要原料，能修复生孩子时损伤的组织，维生素 C 能增加血管壁的弹性和韧性，防止出血，纤维素能通肠润便，预防便秘。

海带：海带含碘和铁较多，碘是制造甲状腺素的主要原料，铁是制造血细胞的主要原料，新妈妈多吃这种蔬菜，能增加乳汁中的含量，还有预防贫血的作用。（注：甲状腺功能减退者，不宜食用。）

产后适合吃的水果

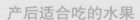

红枣：红枣有补脾活胃、益气生津、调整血脉的作用，尤其适合产后脾胃虚弱、气血不足的人食用。其味道香甜，既可口嚼生吃，也可熬粥蒸饭熟吃。

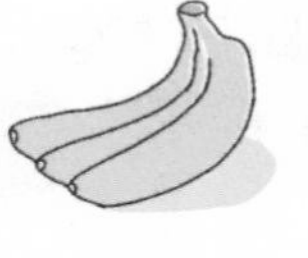

香蕉：香蕉有通便补血的作用。产妇多爱卧床休息，胃肠蠕动较差，常常发生便秘。再加上产后失血较多，需要补血，而铁质是造血的主要原料之一，所以产妇多吃些香蕉能防止产后便秘、贫血。另外，产妇摄入充足的铁质，对预防贫血也有帮助。

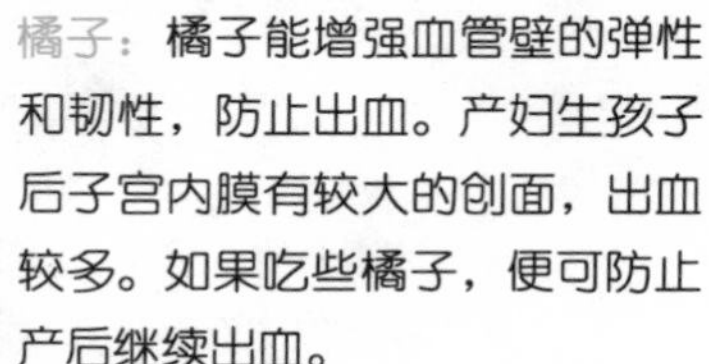

山楂：山楂能增进食欲、帮助消化，有利于产妇身体康复和哺喂婴儿。另外，山楂有活血散瘀作用，能排出子宫内的瘀血，减轻腹痛。

橘子：橘子能增强血管壁的弹性和韧性，防止出血。产妇生孩子后子宫内膜有较大的创面，出血较多。如果吃些橘子，便可防止产后继续出血。

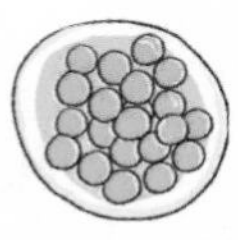

桂圆：桂圆味甘、性平、无毒，为补血益脾之佳果。产后体质虚弱的人，适当吃些新鲜的桂圆或干燥的龙眼肉，既能补脾胃之气，又能补心血不足。

五 生化汤不是产后常规用药

生化汤主要由当归、川芎、桃心、烤老姜、炙甘草组成。

当归可以养血补血，川芎可以行血、活血，而桃心则可以破血化瘀，整个方子的目的就在养血活血、产后补血、祛恶露。现代药理研究证明，生化汤有增强子宫平滑肌收缩，抗血栓，抗贫血，抗炎及镇痛作用；可以治疗产后血虚受寒，瘀阻胞宫所致腹痛，产后恶露不能流出、小腹冷痛等。

产妇喝生化汤的时间不要超过 2 个星期。产后恶露已行，瘀血排出通畅，而无小腹疼痛（即子宫收缩）诸症的产妇，不必服用生化汤。否则生化汤反而对子宫内膜的新生造成负面影响，让新生子宫内膜不稳定。

服用生化汤过程中，如果产妇有感冒、产后发烧、产后感染发炎、异常出血、咳嗽、喉咙痛的症状需尽快到医院就诊，不宜继续使用生化汤。如果产妇在服用生化汤后发现出血量增加，就必须及时停止，以免导致严重出血的不良情况。如产妇恶露过多，出血不止，血色鲜红夹瘀块，辨证属热，应在医生指导下对症施药，不可盲目服用生化汤。或产妇服用生化汤之后，出现拉肚子的情况，也需请中医师再做调整。根据产后恶露的颜色、量、臭味等特点，产妇应遵医嘱服用生化汤。如恶露有变化随时报告医生，积极寻找原因。

生化汤不可作为产后常规用药。应在医生指导下辨证论治，随症加减，对症施药，才会收到好的效果。

生化汤的制作方法

食材：当归 12 克，川芎 6 克，去心桃仁 1 克，炮姜 1 克，炙甘草 1 克，米酒水 500 毫升。

操作：在锅内倒入 300 毫升米酒水并加入药材，加盖用文火煮至药汁剩 200 毫升时熄火，倒出药汁备用；留有药材的锅内再加入剩下的 200 毫升米酒水，加盖用文火煮至药汁剩 100 毫升时熄火，倒出药汁与上一次煮好的药汁混合。

用法：一般情况下，产妇在产后 2 ~ 3 天可以开始喝生化汤了，生化汤一般为 1 天 1 帖，分成早中晚三次或以上服用，自然产约服 7 帖，剖腹产约服 5 帖左右，空腹喝效果更佳。喝不完的部分可放入保温壶下次饮用。

六 营养推荐：月子滋补调理餐

蕨菜核桃仁

热量：162kcal
蛋白质：2.2g
脂肪：16g
碳水化合物：3g

材料：蕨菜 300 克，核桃仁 50 克。

调料：盐、香油各适量。

做法：①把蕨菜择洗干净，入沸水中焯一下，捞出沥水装盘，加盐、香油拌匀入味。②锅内加油烧热，下核桃仁稍炸，至酥香时捞出，拌入蕨菜，盛入盘中即可。

云片鲜贝

热量：1130kcal
蛋白质：90g
脂肪：19g
碳水化合物：151g

材料：鸡蛋 2 个，鲜干贝 7 粒，去骨鱼肉 250 克。

调料：盐、鸡精各少许。

做法：①鲜干贝入沸水中汆过，沥干水分；鱼肉切成小片。②鸡蛋打入碗内，加少许清水和盐拌匀，倒入盘中，入蒸笼蒸约 3 分钟。③盘子取出后，再把干贝、鱼片放进去，再放入蒸笼中蒸至熟软即可。高蛋白低脂肪食品，适宜 2 人餐。

山药粥

热量：392kcal 蛋白质：9g
脂肪：1g 碳水化合物：88g

材料：山药、大米各 100 克，桂圆少许。

调料：盐少许。

做法：①山药去皮洗净，切成滚刀块；桂圆去壳备用。②大米淘洗干净放入锅里，加适量清水烧开，用中火煮约 15 分钟后，放入山药块、桂圆肉继续煮 10 分钟后加少许盐调味即可。

Tips：这样做蔬菜更健康

不要用铜锅炒菜，炒菜时应急火快炒。

蔬菜加工时要先洗后切，以免营养成分丢失。

炒过或煮过的效果比生食好，尤其可增进脂溶性维生素 A、维生素 D 的吸收。

菜汤不要丢掉，以减少营养成分的丢失。

花生鱼头汤

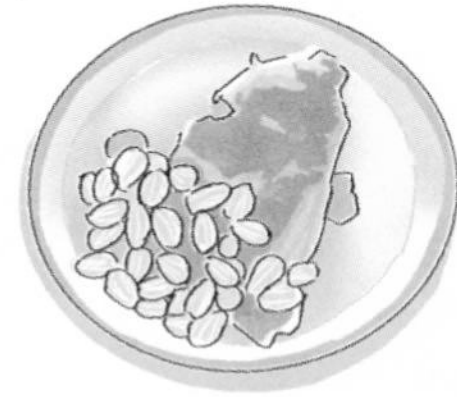

热量：902kcal 蛋白质：58g
脂肪：64g 碳水化合物：30g

材料：大鱼头1个，花生仁100克，腐竹、红枣各适量。

调料：生姜适量。

做法：①花生仁洗净，清水浸半小时；腐竹洗净、浸软，切小段；红枣（去核）洗净。②鱼头洗净，斩开两边，下油起锅略煎。③把花生、红枣、姜片放入锅内，加清水适量，武火煮沸后，文火煲1小时，放入鱼头、腐竹再煲1小时即可。适宜2人餐。

黄豆炖猪蹄

热量：2035kcal
蛋白质：164g
脂肪：131g
碳水化合物：67g

材料：猪蹄750克，黄豆150克，花生米50克，韭黄5克。

调料：盐适量。

做法：①黄豆泡发；花生米洗净；韭黄洗净，切成末备用。②猪蹄收拾干净，剁成小块，焯水。③猪蹄块、泡发的黄豆、花生米、清水放入砂锅中，用大火煮开，小火熬炖。④待豆烂肉酥时加入盐调味即可。高热量高蛋白高脂肪食品，适宜4～5人餐。

麻酱鸡丝翡翠面

热量：475kcal
蛋白质：46g
脂肪：10.8g
碳水化合物：53g

材料：鸡胸肉200克，胡萝卜100克，菠菜面150克。

调料：葱末、姜末、芝麻酱各适量，香油、酱油、醋各少许，盐适量，蒜末各少许。

做法：①鸡胸肉洗净，切成丝，同葱末、姜末一同放入清水中煮熟。②面放入滚水中煮熟，捞出放入盘中，再放鸡丝，淋入其余的调味料即可。

红豆桂花糕

热量：717kcal
蛋白质：40g
脂肪：1.2g
碳水化合物：152g

材料：红豆200克。

调料：鱼胶粉、白糖、桂花糖各适量。

做法：①鱼胶粉和白糖混合，加入热水拌匀至完全溶解。②桂花糖加入拌匀后，再加入凉水拌匀，最后加入红豆拌匀。③慢慢倒入盘内，入笼蒸至红豆熟烂，取出晾凉即可。高热量高糖食品，可制成8块，适宜作为加餐点心。

热量：1546kcal 蛋白质：77g
脂肪：18g 碳水化合物：327g

鸡蓉粟米羹

材料：玉米粒400克，鸡胸肉200克，鸡蛋1个，枸杞少许。

调料：淀粉、盐各适量，香油、白糖各少许。

做法：①鸡胸肉洗净，剁成蓉，加入淀粉、水，搅拌均匀。②鸡肉蓉、玉米粒、枸杞、清水、白糖、香油、盐放入锅中，用大火煮约5分钟。③鸡蛋打散，逐渐淋入锅中，搅拌均匀，2分钟后起锅即可。

牛奶红枣粥

材料：燕麦10克，牛奶120克，红枣15克。

调料：冰糖适量。

做法：①燕麦淘洗干净，沥水捞出放入煲内。②煲内倒入适量清水，大火烧开，转小火，慢慢熬制20分钟左右，至燕麦软烂浓稠。③关火，用漏勺捞出燕麦，沥水后再次放入煲内。④加入牛奶、冰糖和红枣，小火慢煲至牛奶烧开，燕麦粥浓稠即可。

热量：198kcal 蛋白质：6g
脂肪：5.4g 碳水化合物：33g

热量：782kcal 蛋白质：23g
脂肪：67g 碳水化合物：25g

党参当归炖乳鸽

材料：乳鸽350克，　红枣35克，党参20克，当归10克。

调料：盐适量。

做法：①乳鸽收拾洗净，焯水。②砂锅中放入清水，再放入乳鸽、党参、当归、红枣，用大火烧开。③待汤汁收到一半时，加盐调味即可。适宜2人餐。

香菇豆腐鲫鱼汤

材料：鲫鱼 450 克，北豆腐 150 克，香菇 8 克。

调料：盐、植物油、姜块、姜末、蒜末各少许。

做法：①鲫鱼收拾洗净后沥干水分。②锅烧热，用姜块擦一下，放入油，将鲫鱼入锅煎到两面微黄。③倒入清水，放入姜末、蒜末，用大火烧开，待汤色变白，放入香菇，用小火炖约 20 分钟。④最后放入豆腐，炖约 10 分钟，加盐即可。

热量：578kcal 蛋白质：75g
脂肪：29g 碳水化合物：9g

热量：575kcal 蛋白质：97g
脂肪：21g 碳水化合物：0g

芪麻鸡

材料：黄芪 15 克，升麻 40 克，土鸡 1 只 800 克。

调料：葱、姜、盐各少许。

做法：①鸡洗净，取出内脏。②葱切成段，姜切成片，和黄芪、升麻一起填入鸡腹内；将鸡放入锅内，加适量清水，放少许盐调味，把锅放入蒸笼内，蒸熟即可。低糖低脂食品。

花生猪蹄汤

材料：猪蹄、花生各 200 克。

调料：料酒、葱、姜、盐各适量。

做法：①猪蹄入沸水焯烫后拔净毛，刮去浮皮，洗净。②提前 1 小时浸泡花生，去皮；姜洗净切片，葱洗净切段。③猪蹄入锅，加清水、姜片煮沸，撇沫。④放料酒、葱段及花生，加盖，小火炖至半酥，加盐，再煮 1 小时左右即可。高热量高脂肪食品，适宜 3 ～ 4 人餐。

热量：1438kcal 蛋白质：77g
脂肪：111g 碳水化合物：44g

理想体重 = 身高−105　热量供给 = 理想体重 ×30（轻体力工作系数）

孕前 55 公斤，1665 千卡热量及营养素分配

食物	份数	重量（克）	碳水化合物（克）	蛋白质（克）	脂肪（克）	热量（千卡）
谷类	9	225	180	18	—	810
奶类	1.5	250	9	10	10	135
肉蛋	3	150	—	27	18	270
豆类	1	25	4	9	4	90
蔬菜	1	500	17	2	—	90
水果	1	200	21	1	—	90
油脂	2	20	—	—	20	180
总计	18.5	—	231	70	52	1665

孕前 55 公斤，1665 千卡热量各餐分配情况

餐次	谷类	奶类	肉蛋	豆制品	蔬菜	水果	坚果	油脂
早餐	1	—	1	1	0.2	—	—	0.4
早加	1	—	—	—	—	—	—	—
中餐	2.5	—	1	—	0.4	—	—	0.8
中加	1	—	—	—	—	1	—	—
晚餐	2.5	—	1	—	0.4	—	—	0.8
晚加	1	1.5	—	—	—	—	—	—
合计	9	1.5	3	1	1	1	—	2

孕前 57 公斤，1710 千卡热量及营养素分配

食物	份数	重量（克）	碳水化合物（克）	蛋白质（克）	脂肪（克）	热量（千卡）
谷类	9	250	200	20	—	810
奶类	1.5	250	7.5	7.5	7.5	135
肉蛋	3	150	—	27	18	270
豆类	1.5	37.5	6	13.5	6	135
蔬菜	1	500	17	2	—	90
水果	1	200	21	1	—	90
油脂	2	20	—	—	20	180
总计	19	—	251.5	71	51.5	1710

孕前 57 公斤，1710 千卡热量各餐分配情况

餐次	谷类	奶类	肉蛋	豆制品	蔬菜	水果	坚果	油脂
早餐	1	—	1	1	0.2	—	—	0.4
早加	1	—	—	—	—	—	—	—
中餐	2.5	—	1	0.5	0.4	—	—	0.8
中加	1	—	—	—	—	1	—	—
晚餐	2.5	—	1	—	0.4	—	—	0.8
晚加	1	1.5	—	—	—	—	—	—
合计	9	1.5	3	1.5	1	1	—	2

孕前 60 公斤，1800 千卡热量及营养素分配

食物	份数	重量（克）	碳水化合物（克）	蛋白质（克）	脂肪（克）	热量（千卡）
谷类	9	225	180	18	—	810
奶类	3	500	18	15	15	270
肉蛋	3	150	—	27	18	270
豆类	1	25	4	9	4	90
蔬菜	1	500	17	2	—	90
水果	1	200	21	1	—	90
油脂	2	20	—	—	20	180
坚果	—	—	—	—	—	—
总计	20	—	240	72	57	1800

孕前 60 公斤，1800 千卡热量各餐分配情况

餐次	谷类	奶类	肉蛋	豆制品	蔬菜	水果	坚果	油脂
早餐	1	1.5	1	—	0.2	—	—	0.4
早加	1	—	—	—	—	—	—	—
中餐	3	—	1	0.5	0.4	—	—	0.8
中加	1	—	—	—	—	1	—	—
晚餐	2	—	1	0.5	0.4	—	—	0.8
晚加	1	1.5	—	—	—	—	—	—
合计	9	3	3	1	1	1	—	2

孕前 66 公斤，1980 千卡热量及营养素分配

食物	份数	重量（克）	碳水化合物（克）	蛋白质（克）	脂肪（克）	热量（千卡）
谷类	10	250	200	20	—	900
奶类	3	500	18	15	15	270
肉蛋	3	150	—	27	18	270
豆类	1	25	4	9	4	90
蔬菜	1	500	17	2	—	90
水果	1	200	21	1	—	90
油脂	2	20	—	—	20	180
坚果	1	15	2	4	7	90
总计	22	—	262	80	64	1980

孕前 66 公斤，1980 千卡热量各餐分配情况

餐次	谷类	奶类	肉蛋	豆制品	蔬菜	水果	坚果	油脂
早餐	1	1.5	1	—	0.2	—	—	0.4
早加	1	—	—	—	—	—	1	—
中餐	3	—	1	0.5	0.4	—	—	0.8
中加	1	—	—	—	—	1	—	—
晚餐	3	—	1	0.5	0.4	—	—	0.8
晚加	1	1.5	—	—	—	—	—	—
合计	10	3	3	1	1	1	1	2

孕前 69 公斤，2070 千卡热量及营养素分配

食物	份数	重量（克）	碳水化合物（克）	蛋白质（克）	脂肪（克）	热量（千卡）
谷类	11	275	220	22	—	990
奶类	3	500	18	15	15	270
肉蛋	3	150	—	27	18	270
豆类	1	25	4	9	4	90
蔬菜	1	500	17	2	—	90
水果	1	200	21	1	—	90
油脂	2	20	—	—	20	180
坚果	1	15	2	4	7	90
总计	23	—	282	80	64	2070

孕前 69 公斤，2070 千卡热量各餐分配情况

餐次	谷类	奶类	肉蛋	豆制品	蔬菜	水果	坚果	油脂
早餐	2	1.5	1	—	0.2	—	—	0.4
早加	1	—	—	—	—	—	—	—
中餐	3	—	1	0.5	0.4	—	—	0.8
中加	1	—	—	—	—	1	—	—
晚餐	3	—	1	0.5	0.4	—	—	0.8
晚加	1	1.5	—	—	—	—	—	—
合计	11	3	3	1	1	1	—	2

孕前 72 公斤，2160 千卡热量及营养素分配

食物	份数	重量（克）	碳水化合物（克）	蛋白质（克）	脂肪（克）	热量（千卡）
谷类	11	275	220	22	—	990
奶类	3	500	18	15	15	270
肉蛋	4	200	—	36	24	360
豆类	1	25	4	9	4	90
蔬菜	1	500	17	2	—	90
水果	1	200	21	1	—	90
坚果	1	15	2	4	7	90
油脂	2	20	—	—	20	180
总计	24	—	282	89	70	2160

孕前 72 公斤，2160 千卡热量各餐分配情况

餐次	谷类	奶类	肉蛋	豆制品	蔬菜	水果	坚果	油脂
早餐	2	1.5	1	—	0.2	—	—	0.4
早加	1	—	—	—	—	—	1	—
中餐	3	—	1.5	0.5	0.4	—	—	0.8
中加	1	—	—	—	—	1	—	—
晚餐	3	—	1.5	0.5	0.4	—	—	0.8
晚加	1	1.5	—	—	—	—	—	—
合计	11	3	4	1	1	1	1	2

孕前 75 公斤，2250 千卡热量及营养素分配

食物	份数	重量（克）	碳水化合物（克）	蛋白质（克）	脂肪（克）	热量（千卡）
谷类	12	300	240	24	—	1080
奶类	3	500	18	15	15	270
肉蛋	4	200	—	36	14	360
豆类	1	25	4	9	4	90
蔬菜	1	500	17	2	—	90
水果	1	200	21	1	—	90
坚果	1	15	2	4	7	90
油脂	2	20	—	—	20	180
总计	25	—	302	91	70	2250

孕前 75 公斤，2250 千卡热量各餐分配情况

餐次	谷类	奶类	肉蛋	豆制品	蔬菜	水果	坚果	油脂
早餐	2	1.5	1	—	0.2	—	—	0.4
早加	1	—	—	—	—	—	1	—
中餐	3.5	—	1.5	0.5	0.4	—	—	0.8
中加	1	—	—	—	—	1	—	—
晚餐	3.5	—	1.5	0.5	0.4	—	—	0.8
晚加	1	1.5	—	—	—	—	—	—
合计	12	3	4	1	1	1	1	2

孕前 78 公斤，2340 千卡热量及营养素分配

食物	份数	重量（克）	碳水化合物（克）	蛋白质（克）	脂肪（克）	热量（千卡）
谷类	11	275	220	22	—	990
奶类	3	500	18	15	15	270
肉蛋	4	200	—	36	24	360
豆类	1.5	37.5	6	13.5	6	135
蔬菜	1	500	17	2	—	90
水果	2	400	42	2	—	180
坚果	1	15	2	4	7	90
油脂	2.5	25	—	—	25	225
总计	26	—	305	94.5	77	2340

孕前 78 公斤，2340 千卡热量各餐分配情况

餐次	谷类	奶类	肉蛋	豆制品	蔬菜	水果	坚果	油脂
早餐	2	1.5	1	—	0.2	—	—	0.5
早加	1	—	—	—	—	1	1	—
中餐	3	—	1.5	1	0.4	—	—	1
中加	1	—	—	—	—	1	—	—
晚餐	3	—	1.5	0.5	0.4	—	—	1
晚加	1	1.5	—	—	—	—	—	—
合计	11	3	4	1.5	1	2	1	2.5

图书在版编目（CIP）数据

中国孕妈膳食营养细致方案 / 余坚忍主编，-- 南京 ：
东南大学出版社，2015.1
（聪明宝贝养成计划）
ISBN 978-7-5641-5030-3

Ⅰ．①中… Ⅱ．①余… Ⅲ．①孕妇－妇幼保健－食谱
Ⅳ．①TS972.164

中国版本图书馆 CIP 数据核字（2014）第 132899 号

中国孕妈膳食营养细致方案

出版发行 东南大学出版社
出 版 人 江建中
插　　画 黄斯婷
社　　址 南京市四牌楼 2 号（邮编：210096）
网　　址 http://www.seupress.com
经　　销 新华书店
印　　刷 北京海石通印刷有限公司
开　　本 787mm×1092mm 1/16
印　　张 12.75
字　　数 306 千字
版　　次 2015 年 1 月第 1 版
印　　次 2015 年 1 月第 1 次印刷
书　　号 ISBN 978-7-5641-5030-3
定　　价 38.00 元

·本社图书若有印装质量问题，请直接与营销部联系，电话：025 － 83791830。